KB108071

앞서 나가는 10대를 위한 인공지능

Build It Yourself 4 Titles:
Artificial Intelligence by Angie Smibert

앞서 나가는 10대를 위한
인공지능

지은이 • 앤지 스미버트 **옮긴이** • 바른번역 **감수자** • 김의석

일러두기

>> 장별로 본문 시작 전 왼쪽 면에 중요 단어와 인물 이 나온다. 인공지능은 물론 내용 이해에 꼭 필요한 단어들과 인공지능 발전에 크게 기여한 과학자들을 함께 소개한다.

>> 중요 단어와 인물 은 수록 순서대로 소개되며, 각 단어의 앞에는 해당 단어의 쪽수가 있다.

>> 중요 단어와 인물 은 본문에 고딕으로 강조돼 있다. 중요 단어의 위치가 본문이 아닐 경우에도 글씨 색깔을 달리한다거나 굵게 표시함으로써 구별했다.

>> 각 장의 첫머리마다 인공지능 이해를 도와주는 생각을 키우자! 가 있다. 생각을 키우자! 를 꼭 곰곰이 생각하며 읽어라. 생각을 키우자! 는 각 장을 모두 읽고 난 뒤에 또다시 등장한다. 한 장을 다 읽었다면 공학자 공책에 생각을 키우자! 관련 내 생각을 기록해 보자. 공학자 공책 관련 내용은 16쪽을 참고하라.

>> 모든 장의 끄트머리에는 다양한 실험으로 이론을 직접 체험해 볼 수 있는 탐·구·활·동 이 있다.

차례

책에 인용된 자료의 출처가 궁금하다면?

아래의 돋보기 아이콘을 찾아라. 스마트폰이나 태블릿 앱으로 QR 코드를 스캔해서 자세한 내용을 확인할 수 있다! 사진이나 동영상은 어떤 일이 일어난 순간의 모습을 포착해 주기 때문에 중요한 자료가 될 수 있다.

QR 코드가 동작하지 않는다면 '자료 출처' 페이지의 URL 목록을 참고하라. 아니면 QR 코드 아래 키워드를 직접 검색해 도움이 될 만한 다른 자료를 찾아보라.
타임북스 포스트 '앞서 나가는 10대를 위한 인공지능'에서도 모든 자료를 확인할 수 있다.

타임북스 포스트

연표

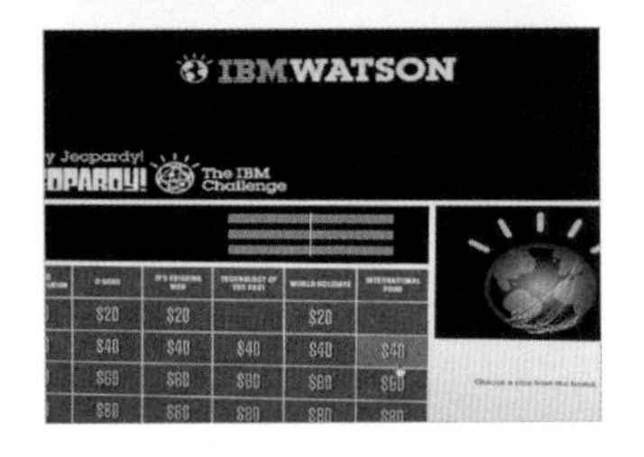

1942년 미국의 SF 소설가 아이작 아시모프가 로봇 공학 3원칙*을 발표함. 로봇 공학 3원칙은 이후 수많은 SF 작품에 등장했다.

* 첫째, 로봇은 인간을 해치는 행동을 해서는 안 되고, 인간이 해를 입도록 내버려 둬도 안 된다. 둘째, 로봇은 인간의 명령이 첫째 원칙에 어긋나지 않는 한 그 명령에 복종해야 한다. 셋째, 로봇은 첫째 원칙과 둘째 원칙에 어긋나지 않는 한 자신을 보호해야 한다.

1950년 영국의 수학자 앨런 튜링이 기계의 지능 여부를 판단하기 위해 튜링 테스트를 고안함. 튜링 테스트를 통과한 로봇은 지능이 있는 것으로 인정받을 수 있다.

1956년 '인공지능'이란 단어가 처음 사용됨. 이 단어는 미국의 컴퓨터 과학자 존 매카시가 다트머스 대학교의 여름 학회 초대장에 처음 썼다.

1958년 존 매카시가 최초의 프로그래밍 언어인 리스프를 개발함.

1966년 독일 출신의 미국 컴퓨터 과학자 요제프 바이젠바움이 초창기 자연어 처리 프로그램인 엘리자**를 발표함.

** 엘리자(ELIZA): 최초의 컴퓨터 대화 프로그램(챗봇). 심리 상담 목적으로 개발됐다.

1968년 영국 SF 소설가 아서 클라크 원작, 미국 영화 감독 스탠릭 큐브릭 연출의 《2001 스페이스 오디세이》가 개봉함. 이 영화에 등장한 인공지능 할 9000으로 인해 많은 사람이 '인공지능'의 존재를 처음으로 인식했다.

1973년 기대보다 부진한 연구 성과로 인해 인공지능에 관한 관심은 물론 투자, 연구가 줄어듦. 이른바 '인공지능의 겨울'이 시작됐다.

1977년 미국 영화 감독 조지 루카스가 만든 SF 영화 《스타워즈 IV: 새로운 희망》에 인공지능 로봇 'C-3PO'와 'R2-D2'가 등장함. 두 로봇은 해방군 편에서 많은 일을 도우며 관객들의 사랑을 받았다.

1981년 디지털 이퀴프먼트 사가 최초의 전문가 시스템을 출시하며 인공지능의 겨울이 끝남.

1997년 IBM의 인공지능 딥 블루가 세계 최고의 체스 챔피언 러시아의 가리 카스파로프와의 경기에서 승리함.

2002년 로봇 청소기 전문 업체인 아이로봇에서 최초의 인공지능 진공 청소기인 룸바 로봇 청소기를 출시함.

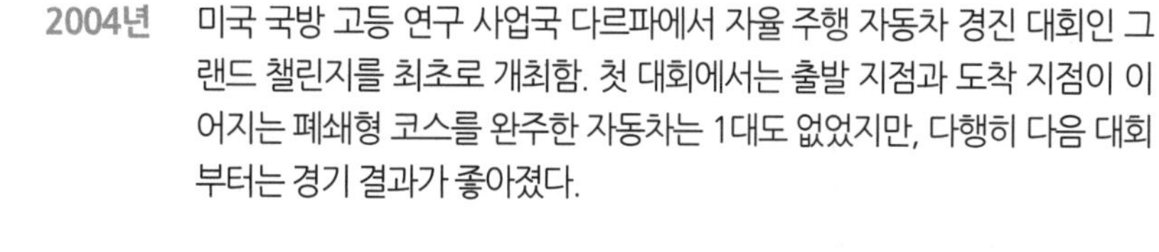

2004년 미국 국방 고등 연구 사업국 다르파에서 자율 주행 자동차 경진 대회인 그랜드 챌린지를 최초로 개최함. 첫 대회에서는 출발 지점과 도착 지점이 이어지는 폐쇄형 코스를 완주한 자동차는 1대도 없었지만, 다행히 다음 대회부터는 경기 결과가 좋아졌다.

2011년 IBM이 체스 게임에서 우승한 딥 블루를 보완, 왓슨이라는 새로운 인공지능을 소개함. 왓슨은 미국의 인기 퀴즈 쇼 〈제퍼디!〉에서 제퍼디 역사상 가장 뛰어난 연승 우승자인 켄 제닝스와 브래드 러터를 물리치고 우승했다.

2011년 애플이 스마트폰 음성 인식 비서인 '시리'의 개발 계획을 발표함. 이해 10월 출시된 '아이폰4S'에 음성 인식 비서인 시리가 탑재돼 있었다.

2012년 다르파에서 로보틱스 챌린지를 최초로 개최함. 이 대회는 지진과 쓰나미로 인해 후쿠시마에서 일어난 원자력 발전소 사고 이후 인간이 접근 불가능한 위험한 장소에서 로봇으로 인명 구조가 가능한지 알아보기 위해 열렸으며 한국 출신의 로봇 공학자 데니스 홍도 참여했다.

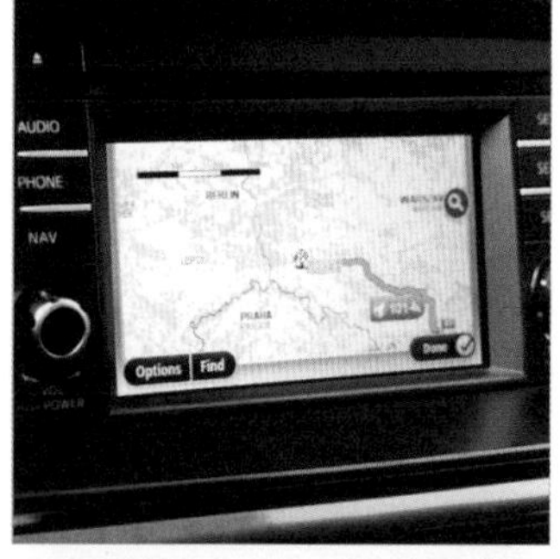

2014년 아마존에서 인공지능 스피커 알렉사를 출시함.

2014년 러시아의 프로그래머 블라디미르 베셀로프 등이 자신들이 개발한 인공지능 챗봇 유진 구스트만으로 튜링 테스트를 최초 통과했다고 발표함. 하지만 미래학자이자 구글의 기술이사인 레이 커즈와일 등은 "유진 구스트만은 똑똑한 챗봇일 뿐"이라고 이 결과를 부정했다. 실제로 유진 구스트만은 영어를 잘하지 못하는 우크라이나의 13살 소년이라는 설정으로 곤란한 질문에 제대로 대답하지 못한 것에 핑계를 댔다.

2016년 현재는 구글에 인수된 딥마인드의 인공지능 알파고가 세계 바둑 챔피언인 한국의 이세돌을 이김.

2017년 미국 항공 우주국 나사에서 스페이스 로보틱스 챌린지를 개최함. 이 대회는 우주에서 나사의 임무를 보다 효율적으로 수행할 수 있는 인공지능 로봇을 연구·개발하기 위해 열렸다.

2018년 자율 주행 자동차가 사람을 치어 최초의 사망 사고가 발생함. 이로 인해 자율 주행 자동차 개발이 현명한 생각인지에 대한 논란이 일어났다.

들어가기 중요 단어와 인물

09쪽 **인공지능(AI, artificial intelligence):** 학습, 추리, 적응, 논증 따위의 기능을 갖춘 컴퓨터 시스템. 아주 간단하게 정의하면 지능이 있는 기계를 가리킨다.

10쪽 **인간 지능(human intelligence):** 인간의 지적 능력. 지식 습득과 논리적 추론, 추상적 사고는 물론 자의식, 의사소통, 정서 지식, 기억, 계획성, 독창성, 문제 해결 등과 관계돼 있다.

10쪽 **슈퍼컴퓨터(supercomputer):** 계산 속도가 매우 빠르고 많은 자료를 오랜 시간 꾸준히 처리할 수 있는, 보통 컴퓨터보다 성능이 훨씬 뛰어난 컴퓨터.

10쪽 **그랜드마스터(grandmaster):** 체스 대회에서 많이 우승한 최고 수준의 체스 선수.

12쪽 **처리 능력(processing power):** 컴퓨터가 일정 시간 내 처리할 수 있는 작업량. 하루 작업량으로 처리 능력을 평가하는 경우가 많다.

12쪽 **결함(glitch):** 부족하거나 완전하지 못해 흠이 되는 부분.

13쪽 **강한 인공지능(strong AI):** 어떤 문제를 인간처럼 생각함으로써 해결하는 인간형 인공지능. 지각력은 물론 스스로를 인식하는 능력이 있다.

13쪽 **약한 인공지능(weak AI):** 한 가지 문제 해결에 집중하는 기계 지능.

13쪽 **로봇 공학(robotics):** 설계와 제작, 작동까지 로봇에 관련된 모든 기술을 연구하는 공학. 기계 공학부터 전기 · 전자 공학, 컴퓨터 공학은 물론 생체 공학까지 다양한 공학 기술이 서로 얽혀 있다.

13쪽 **음성 인식(speech recognition):** 컴퓨터 같은 기계가 마이크 등으로 인간의 목소리를 인식하고, 반응하는 기술 능력.

13쪽 **자연어(natural language):** 인간이 일상생활에서 의사소통을 위해 사용하는 언어. 컴퓨터에서 사용되는 프로그램 작성 언어(기계어, 인공어)와 구별된다.

15쪽 **머신 러닝(machine learning):** 다양한 경험을 통해 인간이 지식을 쌓는 것처럼, 컴퓨터(기계)에게 충분히 많은 데이터를 줌으로써 스스로 배우고 발전하게끔 하는 인공지능 기술.

15쪽 **알고리즘(algorithm):** 문제 해결 방법을 단계별로 나누어 순서대로 표현한 것. 컴퓨터 프로그래밍에서 알고리즘 짜기는 '계획' 단계에 해당한다. 프로그램의 행동 여부를 결정해 주는 이 계획이 완성되면 그것을 프로그램 언어로 작성해서 소프트웨어를 만든다.

15쪽 **알파고(AlphaGo):** 구글 소속 딥마인드 개발의 인공지능 바둑 프로그램.

15쪽 **자율 주행 자동차(auto driving car):** 인간 운전자 없이 인공지능으로 알아서 운전하는 자동차.

17쪽 **앨런 튜링(Alan Turing):** 20세기 초반 영국 수학자. 평생 '기계가 생각할 수 있을까?' 하는 문제에 대한 답을 찾는 데 골몰한 덕에 '인공지능의 아버지'라고 불린다.

17쪽 **튜링 테스트(Turing test):** 앨런 튜링이 고안한, 컴퓨터에게 지능이 있는지 없는지 판단하는 테스트.

인공지능이란 무엇일까?

컴퓨터 프로그램에 입력만 하면 숙제가 척척 해결되고, 자동차가 알아서 목적지까지 데려다주며 로봇이 집안일을 대신해 주는 나날이 오려면 얼마나 기다려야 할까? 이 같은 미래는 어쩌면 생각보다 금방 다가올지도 모른다. 예전에는 SF 작품에나 겨우 등장하던 인공지능을 오늘날은 우리 주변 곳곳에서 찾아볼 수 있으니까. 그런데 인공지능이란 정확히 무엇일까?

인공지능이 무엇인지에 대한 생각은 사람마다 조금씩 다르다. '인공'은 인간이 만들었다는 뜻이지만, '지능'은 무엇이라 딱 정의하기 어렵기 때문이다. 과학자들은 인간의 지능에 대해서도 의견이 일치하지 않는다. 그래서인지 인공지능의 정의는 시간이 흐르면서 점차 달라졌다.

생각을 키우자!

지능적인 행동과 지능적인 것은 무엇이 다를까?

'컴퓨터가 생각할 수 있을까? 스스로 새로운 것을 터득할 수 있을까?' 과학자들은 이 질문에 답할 만한, 생각하는 컴퓨터를 만들려고 수십 년 동안 애써 왔다. 초반의 목표는 체스를 잘 두는 컴퓨터였다. 인간 또한 체스 같은 게임에서 머리(지능)를 쓴다고 봤기 때문이다. 이때까지는 인공지능의 정의가 단순했던 셈이다.

이 같은 정의에 따르면 IBM의 **슈퍼컴퓨터** 딥 블루는 지능적인 컴퓨터다. 체스의 **그랜드마스터**였던 가리 카스파로프(1963~)를 이겼기 때문이다. 만약 카스파로프를 이긴 것이 사람이라면 우리는 분명히 그 사람을 지능적이라고 했을 것이다. 하지만 딥 블루는 1초에 수백만 번 계산해 다음 동작을 결정함으로써 체스에서 카스파로프를 이겼다. 과연 이 같은 딥 블루의 지능도 인간 지능과 같다고 할 수 있을까?

인간 지능이란 동물의 지능은 물론이고 컴퓨터의 지능과도 다를 것이다. 어떤 사람들은 인간 지능이 아래와 같은 능력을 포함하는 것이라고 정의하기도 한다.

- ☑ 경험으로 배우는 능력
- ☑ 논리적으로 생각해서 문제를 해결하는 능력
- ☑ 정보 기억 능력
- ☑ 상황 대처 능력

> "컴퓨터는 인간과 달리 자신이 하는 행동을 전부 다 이해하지 못한다."

인간 VS. 기계

카스파로프와 딥 블루의 1997년 체스 경기는 인간과 인공지능의 대결로써 세기의 체스 시합이었다. 카스파로프는 이 시합의 첫 게임을 이겼으나 다시 이기지는 못했다.

두 번째 게임에서 카스파로프는 딥 블루에게 자신의 졸을 먹게 하려고 함정을 팠다. 졸을 희생시키는, 당장 아무 이익이 없어 보이는 수였으나 체스 선수들은 보통 몇 수 앞을 내다보고 말을 움직이므로 당연히 이유가 있어서 둔 수였다. 하지만 딥 블루는 속아 넘어가지 않았다. 대신 인간 고수처럼 대처했다. 컴퓨터가 인간처럼 체스를 두리라 예상하지 못했던 카스파로프는 깜짝 놀랐다. 그리고 몇 수 더 두고 난 뒤, 마른세수와 함께 한숨을 쉬더니 딥 블루가 여섯 수 안에 이길 것이라며 기권하고 일어나 경기장 밖으로 걸어 나갔다.

알·고·있·나·요·?

체스 시합에서는 게임을 여러 번 해서 이긴 횟수가 더 많은 선수가 우승한다.

카스파로프는 역사상 최고의 체스 선수로 꼽혔다. 그때까지는 인간에게든 컴퓨터에게든 우승을 넘겨준 적이 없었다. 그런 선수와의 경기에서 인공지능이 이긴 것이다! 둘은 이후 연달아 세 게임을 비겼고, 여섯 번째

▲ 소년과 체스를 두는 가리 카스파로프 출처: Khaled Abdelmoumen

게임에서 딥 블루는 그랜드마스터를 상대로 열아홉 수 만에 승리를 거뒀다. 딥 블루가 시합에서 우승했다. 전통 있는 체스 시합에서 컴퓨터가 최초로 인간 챔피언을 무찌른 날이었다.

“ 이 게임은 모든 것을 바꿔 버렸다.
체스 시합뿐 아니라 인공지능 연구에도 변화를 가져왔다. ”

카스파로프는 불과 1년 전인 1996년에 딥 블루를 이겼지만, IBM은 1년 만에 딥 블루를 문제 해결 능력을 시험하기 가장 좋은 체스 시합에서 역사상 최고의 선수를 이길 수 있는 기계로 발전시켰다. 대결 결과를 보고, 인공지능 과학자는 물론 언론과 대중까지 엄청난 발전이라며 환영했다. 그러나 이 승리만으로 딥 블루에게 지능이 있다고 말할 수 있을까?

“ 딥 블루의 승리는 컴퓨터가 사람처럼 생각할 수 있다는 것을 의미할까? ”

과학자들도 아직 이 질문에 확실하게 대답하지 못한다. 아마 딥 블루가 진짜 인간처럼 생각한 것은 아닐 것이다. 딥 블루는 체스판을 보고 1초 안에 말을 옮기는 200만 가지 방법을 계산할 수 있었고, 그 덕분에 여섯 수 안에 게임에서 이길지 아니면 카스파로프의 미끼에 걸려 패배할지도 알 수 있었다. 딥 블루는 가능성 있는 몇십억 개의 수를 미리 따져 볼 저장 장치와 **처리 능력**과 속도를 갖췄기 때문에 그중 이길 확률이 가장 높은 수의 선택이 가능했다.

다시 붙자!

1997년 두 번째 게임에서 카스파로프가 기권하지 않았다면 비겼을 수도 있다고 생각하는 전문가들도 꽤 많다. 작은 **결함** 때문에 컴퓨터가 엉뚱한 수를 두었고, 그래서 인간 선수가 게임에서 기권한 것이라고 말하는 사람들도 있다. 카스파로프는 한동안 IBM이 자신에게 속임수를 썼다고 생각하기도 했다. 왜 사람들은 컴퓨터가 체스로 인간을 이길 수 있다고 인정하지 못했을까?

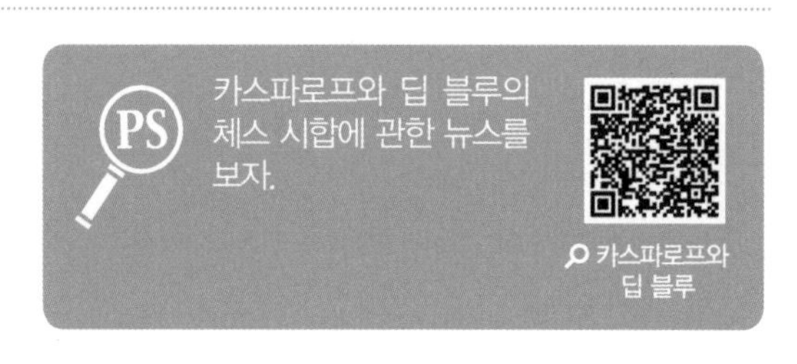

PS
카스파로프와 딥 블루의 체스 시합에 관한 뉴스를 보자.
카스파로프와 딥 블루

1997년 이전까지는 슈퍼컴퓨터라 하더라도 체스에서 앞으로 둘 수 있는 많고 많은 수를 계산할 만한 계산 능력을 갖추지 못했다. 딥 블루는 그런 능력을 갖춘 첫 번째 슈퍼컴퓨터였다. 그런데 컴퓨터나 로봇이 1초 안에 어마어마한 양을 계산할 수 있다고 해서 지능적이라고 볼 수 있을까? 그것은 우리가 인공지능을 어떻게 정의하느냐에 따라 달라진다.

많은 인공지능 과학자가 "어떤 컴퓨터를 지능적이다"라고 말할 때 컴퓨터의 일 처리 능력 못지않게 일 처리 방식을 중요하게 여긴다. 예를 들어, 컴퓨터가 사람과 같은 방식으로 체스를 배운다면 어떻게 할까? 아마도 완벽히 게임을 익힐 때까지 다른 사람들의 승부를 지켜보며 반복 연습할 것이다. 그런데 사람과 비슷한 방식으로 체스를 배웠다고 컴퓨터가 지능적인 걸까? 아니면 그래도 지능적이지 못한 걸까? 사실 과학자들의 의견도 서로 제각각이다. 생각에 따라 인공지능 과학자들을 크게 '**강한 인공지능** 진영'과 '**약한 인공지능** 진영'으로 나눌 수 있다.

강한 인공지능 VS. 약한 인공지능

강한 인공지능을 연구하는 과학자들은 인간의 행위 중 대다수가 지능적이라고 판단하는 행위들을 컴퓨터가 할 수 있어야 한다고 생각한다. 예를 들면 말하거나 글 쓰는 행위, 또는 체스나 바둑을 두는 행위 등을 가리킨다.

반면 '좁은 인공지능'이라고도 불리는, 약한 인공지능 분야 연구 과학자들은 지능적인 행위를 할 수 있는 시스템이라면 일 처리 방식과 상관없이 인공지능이라고 생각한다. 이 진영의 과학자들은 인공지능의 목적을 문

인공지능 연구 분야

오늘날 인공지능 연구는 몇 가지 분야로 집약돼 있다. 각 분야 모두 컴퓨터나 로봇을 인간처럼 움직이고 보고 듣고 말하게 하는 방향으로 가고 있다. 인공지능이 우리에게 쓸모 있으려면 인간처럼 보고 듣고 느끼는 능력이 있어야만 할까? 다음은 과학자들이 새로운 인공지능을 만들려고 할 때 주로 생각하는 분야들이다.

- **로봇 공학**
- **음성 인식**
- 컴퓨터 비전
- **자연어** 처리

휴머노이드 로봇 페퍼는 사람의 기분을 알아차릴 수 있다. 사무실이나 상점에서 메시지를 보내거나 음성으로 손님을 안내하고 손님과 이야기하는 용도로 사용된다.
사진 제공: Tokumeigakarinoaoshima (CC BY 1.0)

제 해결로 보는데, 이 때문에 최근 특정 문제 해결에 초점을 맞춘 **머신 러닝**이 약한 인공지능의 대표 주자로 간주되기도 한다. 엄격한 과학자들은 약한 인공지능이 '진정한 지능'을 갖췄다기보다 특정 문제 해결을 위해 컴퓨터가 따라야 하는 규칙의 집합인 지능형 **알고리즘**에 불과하다고 이야기하기도 한다.

최근 인공지능은 약한 인공지능과 강한 인공지능의 여러 방법을 결합하며 빠르게 발전하고 있다. 예를 들어 어떤 인공지능은 소셜 미디어에서 얼굴 인식하는 법을 배우지만, 오로지 얼굴 인식만 배운다. 구글의 슈퍼컴퓨터인 **알파고**는 수없이 많은 바둑 경기를 보고 수백만 번의 바둑 시합을 직접 하면서 바둑을 배운다.

오늘날 인공지능은 우리가 미처 알아차리지 못하는 곳을 포함해 어디에나 있다. 우리는 음성 인식 인공지능 비서에게 우스갯소리를 해 달라거나 전자 우편을 보내 달라거나 불을 꺼 달라고 부탁한다. **자율 주행 자동차**도 세계 곳곳에서 볼 수 있다. 현재 인공지능 로봇은 걷기, 도구 사용하기, 돌무더기 오르기 등을 배운다. 일부 소셜 로봇은 인간과 마음까지 주고받는다.

보이지 않는 곳에서 소셜 미디어에 올라온 사진도 구분한다. 어떤 사진들은 막기도 한다. 의료 데이터를 샅샅이 조사해서 의사의 진단도 돕는다. 아직 미숙하기는 해도, 시와 영화 대본도 쓴다. 그러나 우리가 상상하는, 진짜 '생각하는' 기계와 가까운 인공지능을 만들려면 아직 멀었다.

이 책에서 우리는 컴퓨터가 어떻게 세상과 영향을 주고받는지, 삶이 좋아지도록 무엇을 할 수 있는지 배울 것이다. 또한, 인공지능의 미래를 그려 보고, 50년 후 인간과 컴퓨터의 관계가 어떻게 변할지도 상상할 것이다. 그러면서 여러 활동을 직접 해 보고 인공지능을 직접 발명하기도 할 것이다!

생각을 키우자!

지능적인 행동과 지능적인 것은 무엇이 다를까?

공학자처럼 생각하기

공학자들은 누구나 공책 한 권을 들고 다닌다. 각종 아이디어와 단계별 할 일을 기록하기 위해서다. 우리도 공책을 꺼내 들고 공학자처럼 탐구 활동을 해 보자. 공책에 알아낸 사실과 데이터, 문제 해결 방법을 차근차근 적으면 된다. 아래 공학 설계 과정을 살짝 참고해도 좋지만, 똑같은 단계를 밟으려 일부러 애쓸 필요는 없다. 이 책의 탐구 활동에는 정해진 답도, 정해진 방법도 없으니까. 마음껏 창의력을 발휘하고 즐기면 그만이다.

공학 설계 과정

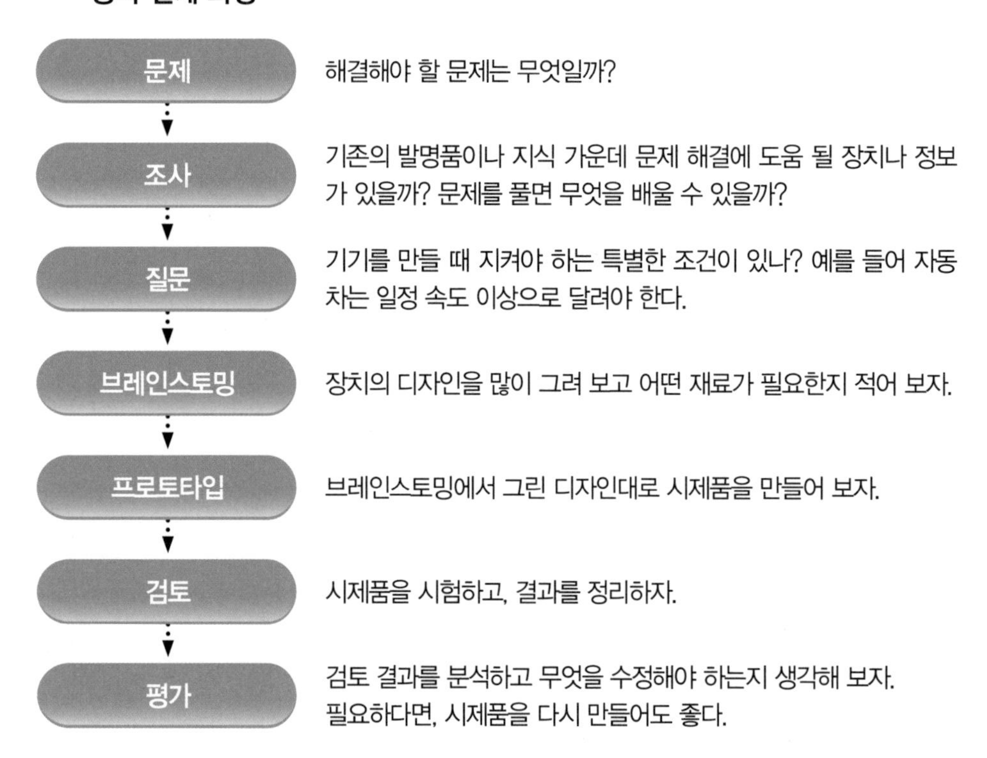

문제
해결해야 할 문제는 무엇일까?
조사
기존의 발명품이나 지식 가운데 문제 해결에 도움 될 장치나 정보가 있을까? 문제를 풀면 무엇을 배울 수 있을까?
질문
기기를 만들 때 지켜야 하는 특별한 조건이 있나? 예를 들어 자동차는 일정 속도 이상으로 달려야 한다.
브레인스토밍
장치의 디자인을 많이 그려 보고 어떤 재료가 필요한지 적어 보자.
프로토타입
브레인스토밍에서 그린 디자인대로 시제품을 만들어 보자.
검토
시제품을 시험하고, 결과를 정리하자.
평가
검토 결과를 분석하고 무엇을 수정해야 하는지 생각해 보자.
필요하다면, 시제품을 다시 만들어도 좋다.

이 같은 활동을 기록하는 공책을 앞으로 '공학자 공책'이라고 부르겠다. 공학자 공책에 본문 첫머리와 마지막에 반복해서 나오는 '생각을 키우자'에 대한 내 생각을 꼭 적어 보자.

탐·구·활·동

튜링 테스트

1950년, 영국 수학자 **앨런 튜링**(1912~1954)은 인간과 컴퓨터를 구별할 수 있는 테스트를 고안했다. 이 테스트를 **튜링 테스트**라고 한다. 챗봇으로 이 테스트를 해 보자. 챗봇은 대화하는 인간을 흉내 낸 온라인 컴퓨터 프로그램이다.

1 > **질문 5개를 만들자.** 컴퓨터가 대답하기 어려울 듯한 질문이 좋다.

2 > **질문할 사람(질문자)을 뽑자.** 질문자는 질문에 답할 컴퓨터와 사람을 볼 수 없어야 한다. 질문자를 다른 방으로 보내거나 커튼으로 가리자.

3 > **직접 대답할 사람과 컴퓨터의 대답을 전할 사람을 뽑자.** 컴퓨터의 대답을 전할 사람은 챗봇에 질문을 입력하고 출력된 답을 전달해야 한다.

4 > **챗봇에 접속하라.** 컴퓨터의 대답을 전할 사람만 온라인 사이트 cleverbot.com에 접속한다. 이곳에서 질문자의 질문을 챗봇에 입력할 수 있다.

5 > **질문자가 미리 준비한 질문을 한다.** 직접 대답할 사람은 물론 컴퓨터의 대답을 전할 사람도 말하는 대신 각각 종이에 답을 적어라. 종이에 적힌 답을 보고 질문자가 인간과 챗봇의 답을 구분할 수 있을까? 왜 그렇게 생각하는가?

이것도 해 보자!

컴퓨터를 가려낼 새로운 질문들을 생각해 보자. 보다 구체적인 질문이 좋을까? 감정이나 생각에 관한 질문이 좋을까? 컴퓨터의 대답임이 탄로 날 법한, 컴퓨터가 흔히 쓰는 표현에는 어떤 것이 있을까?

1장 중요 단어와 인물

19쪽 **프로그래밍(programming):** 컴퓨터 프로그램을 만드는 작업. 수식이나 작업을 컴퓨터에 알맞도록 정리해서 순서를 정하고 컴퓨터 특유의 명령 코드로 고쳐 쓰는 작업을 모두 프로그래밍이라고 한다.

21쪽 **찰스 배비지(Charles Babbage):** 19세기 영국 수학자이자 기계공학자. 최초의 자동 계산기인 차분기관 설계로 '프로그래밍이 가능한 컴퓨터'라는 개념을 처음 선보였다.

21쪽 **에이다 러브레이스(Ada Lovelace):** 세계 최초의 프로그래머. 배비지가 "나보다 더 차분기관을 잘 아는 사람"이라고 이야기하기도 했다.

21쪽 **프로그래머(programmer):** 컴퓨터 프로그램을 만드는 사람. 프로그램의 논리나 알고리즘을 설계한 다음, 작성하고 테스트하는 사람들을 가리킨다.

22쪽 **콜로서스(Colossus):** 일반적으로 최초의 컴퓨터라 일컬어지는 에니악 이전에 나온, 진정한 세계 최초의 연산 컴퓨터. 제2차 세계 대전 중 독일의 암호를 풀기 위해 만들어졌다.

25쪽 **존 매카시(John McCarthy):** 20세기 미국 수학자 겸 컴퓨터 과학자. 최초로 '인공지능'이란 단어를 사용했다. 그뿐만 아니라 인공지능 프로그래밍을 위한 최초의 언어, 리스프도 개발했다.

25쪽 **마빈 민스키(Marvin Minsky):** 20세기 미국 수학자 겸 컴퓨터 과학자. 매사추세츠 공과 대학교(MIT) 인공지능 연구소 공동 설립자이며 인공지능 관련 책들을 썼다.

25쪽 **나다니엘 로체스터(Nathaniel Rochester):** 20세기 미국 컴퓨터 과학자. IBM 소속으로 최초의 어셈블리어(Assembly Language)를 만들었다. 어셈블리어는 인간이 좀 더 알아듣기 쉽게 만들어진 프로그래밍어와 달리 기계어와 1 대 1로 번역되기 때문에 훨씬 빠른 번역이 가능하다.

25쪽 **리스프(LISP):** 목록 처리(List processor)의 약어로 최초의 프로그래밍 언어.

25쪽 **아서 사무엘(Arthur Samuel):** 20세기 컴퓨터 과학자. '머신 러닝'의 개념을 만들었다.

25쪽 **요제프 바이젠바움(Joseph Weizenbaum):** 20세기 독일 출신 미국 컴퓨터 과학자. 최초의 대화 가능 인공지능, 엘리자를 개발했다.

26쪽 **엘리자(ELIZA):** 최초의 컴퓨터 대화 프로그램. 심리 치료사의 역할을 대신하기 위해 개발됐다.

26쪽 **패턴 매칭(pattern matching):** 자료 중 어떤 정보가 특정 패턴과 일치하는지 판단하는 기술.

27쪽 **전문가 시스템(expert systems):** 인간 전문가의 지식과, 경험, 비법 등을 자료화해서 컴퓨터에 입력, 전문가와 동일하거나 또는 그 이상의 문제 해결 능력을 갖춘 컴퓨터 시스템.

28쪽 **월드 와이드 웹(World Wide Web):** 인터넷망에서 정보를 쉽게 찾을 수 있도록 고안된 세계적인 인터넷망. 메뉴 방식으로 서비스하던 기존의 인터넷 서비스와 비교해 하이퍼텍스트를 기반으로 한 웹은 문서 활용이 엄청 편리했기 때문에 WWW 개발 이후 인터넷이 급속도로 발전했다.

28쪽 **신경망(neural network):** 뇌와 다른 신체 기관들이 주고받는 신호를 전달하는 세포, 뉴런을 본따 만든 컴퓨터 시스템.

28쪽 **시멘틱 웹(semantic web):** 사람이 읽고 해석하기 편리하게 설계된 현재의 웹 대신 컴퓨터가 이해할 수 있는 형태의 새로운 언어로 표현해 기계들끼리 서로 의사소통할 수 있는 지능형 웹.

30쪽 **딥 러닝(deep learning):** 인간이 사물을 구분할 때처럼 수많은 데이터 속에서 패턴을 발견함으로써 컴퓨터가 직접 학습하는 방법.

33쪽 **샌디 더글러스(Sandy Douglas):** 20세기 영국의 컴퓨터 과학자. 1952년 최초의 컴퓨터 그래픽 게임 OXO를 개발했다.

33쪽 **에드삭(EDSAC):** 세계 최초로 프로그램 기억 방식의 개념을 도입한 컴퓨터. 오늘날 사용되는 컴퓨터의 원형이다. 1948년 케임브리지 대학교에서 완성됐으며 1958년까지 가동됐다.

초창기 인공지능

불과 10년 전의
인공지능하고만 비교해도
체스터의 능력은
정말 놀라워!
정말?

정말! 인간이 이런저런
인공지능을 만들기 시작한 지
꽤 오래됐거든!

그리고 지식이 늘어나며
인공지능의 정의는
더 복잡하게 변했어.
복잡하지만
더 멋있게!

스마트폰이 보이지 않는다고? 걱정할 필요 없다. 이름을 부르면 똑똑한 인공지능 비서가 금방 대답하니까. 부엌에서도 인공지능 스피커가 척척 요리법을 알려 준다. 인공지능 알고리즘은 정말이지 유용하다. 스마트 홈에 사는 사람들은 심지어 집에서 손가락 하나 까딱하지 않아도 된다. 인공지능 시스템이 알아서 문도 열어 주고 불도 켜 주고 방도 뜨듯하게 덥혀 주지 않는가!

오늘날에는 인공지능이 친숙하게 느껴지지만, 당연히 항상 그랬던 것은 아니다. 어른들에게 어릴 적 인공지능이 있었는지 물어보라. 불과 10년 전만 해도 인공지능은 연구실에서나 볼 수 있었다. **프로그래밍**을 통해 컴퓨터의 쓰임새가 회사 업무는 물론 전쟁 상황이나 교육 목적, 일상생활까지 다양한 용도로 확장될 수 있지 않을까 생각한 것도 겨우 60년 정도밖에 되지 않았다.

생각을 키우자!

인공지능의 정의는 20세기를 지나며 어떻게 변했을까?

그러나 이미 수백 년 전부터 사람들은 다음과 같은 상상을 해 왔다. '사물이 스스로 새로운 것을 배우고, 인간과 교감할 수는 없을까?', '그렇게 된다면 무슨 일이 벌어질까?' 본인이 깎아 낸 조각상과 사랑에 빠진 피그말리온의 이야기가 담긴 그리스의 신화에서도 그런 마음을 읽어 낼 수 있다. 물론 고대 그리스에는 조각상을 움직일 정도의 기술력이 없었고, 신화 속의 사랑도 비극으로 끝나지만 말이다.

컴퓨터 등장 이전

움직이는 조각상을 만들지는 못했지만, 고대 그리스들은 물의 힘으로 움직이는 자동문 같은, 여러 복잡한 기계를 만들었다고 한다. 우리는 이런 고대 장치들을 대부분 글을 통해 발견했지만, 지금까지 남아 있는 신기한 기계도 하나 있다. 1902년, 그리스의 안티키테라 섬 해안 근처의 난파선에서 발견된 안티키테라 기계의 이야기다.

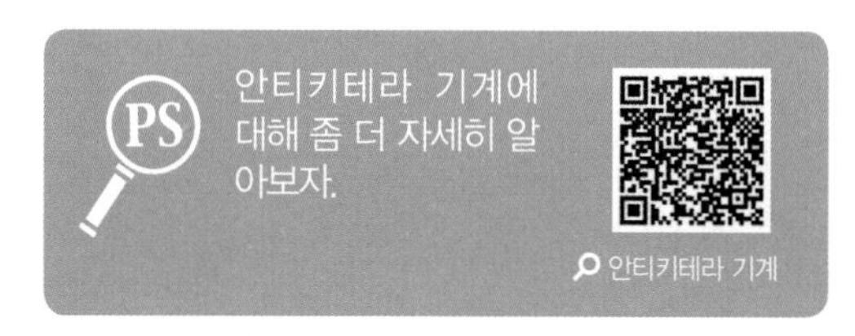

PS
안티키테라 기계에 대해 좀 더 자세히 알아보자.
안티키테라 기계

만들어진 지 2000년도 더 된 이 작은 기계는 발견되고도 한참이나 수수께끼로 남아 있었는데, 21세기 들어 3차원 엑스레이 기술이 개발되면서 마침내 정체를 드러냈다. 3차원 엑스레이로 입체 스캔함으로써 안티키테라 기계의 내부를 볼 수 있었기 때문이다. 과학자들은 이 모습을 고스란히 재현함으로써, 안티키테라 기계가 태양계 여러 천체의 주기를 관측하는 복잡한 구조의 계산기라는 것을 알아냈다. 한마디로, 안티키테라 기계는 날짜를 계산하는 고대의 컴퓨였던 셈이다. 이 장치는 다른 대부분의 초기 기계처럼 태엽과 톱니바퀴로 구성된 시스템에서 작동했다.

중세 유럽에서는 자동으로 움직이는 기계 인형, 오토마톤이 만들어졌다. 오토마톤은 시계와 같은 원리로 작동했는데, 기계식 시계의 개발 덕분에 관련 기술이 정교해지면서 만들어질 수 있었다. 유럽 발명가들은 책상에 앉아 글 쓰거나 그림 그리는 사람 또는 악기 연주하는 사람처럼 보이는 오토마톤 등을 만들었다. 아주 간단한 동작만 반복 가능했지만 어쨌든 움직일 수 있었던 이 꼭두각시 같은 기계 인형들은 18세기에 가장 큰 인기를 끌었다. 덧붙여, 보통은 사람과 비슷한 모습이었지만 가끔 동물 모양의 오토마톤도 만들어졌다.

1770년, 헝가리 발명가 볼프강 폰 켐펠렌은 체스 두는 오토마톤을 만들고, 메커니컬 투르크라고 이름 지었다. 이 오토마톤은 지능적으로 체스를 두는 것처럼 보였다. 이 때문에 유럽 사람들은 큰 관심을 보였지만, 곧 속임수가 드러났다. 기계 안에 인간 체스 고수가 숨어 있던 것이다!

최초의 컴퓨터들

알·고·있·나·요·?

1950년, 최초의 로봇 유니메이트가 발명됐다. 팔처럼 생긴 산업용 로봇 유니메이트는 1961년 GM 자동차 공장에 처음 설치돼 뜨거운 금속 부품을 쌓았다.

그렇다면 누가 가장 먼저 계산기, 즉 컴퓨터를 만들었을까? 자동 계산 장치를 최초로 설계한 사람은 영국 수학자 **찰스 배비지**(1791~1871)다. 배비지가 계산기를 설계한 1820년대에 엔지니어, 건축업자, 은행원 같은 사람들은 복잡한 계산이 필요할 때 '수학 조견표'라는 인쇄된 계산표에 의존했다. 예를 들어, 은행원은 수학 조견표를 보며 고객이 받을 이자를 계산했다. 그런데 이런 계산표들은 틀린 부분이 많았다.

배비지는 이 사실을 알아차리고, 좀 더 믿을 만한 계산 결과를 얻기 위해 고민하기 시작했다. 그리고 계산표를 대신할 계산 기계를 설계하기로 마음먹고 새 기계의 설계도를 여러 장 그렸다. 자신의 설계대로 기계를 완성하지는 못했지만, 1833년 기계의 작은 일부도 만들기는 했다. 배비지는 차분기관이라 이름 붙인 자신의 기계를 보여 주려 파티도 여러 번 열었다. 배비지는 이 파티에서 **에이다 러브레이스**(1815~1852)를 만나 친분을 쌓았다. 러브레이스는 배비지의 차분기관에 많은 관심을 보였고, 10년 후에는 프랑스어로 쓰인 차분기관에 대한 논문을 영어로 번역하기도 했다. 유럽에서 배비지의 연구 결과 강연을 들은 청강생이 발표한 논문이었다. 에이다는 번역하면서 차분기관의 단계별 사용법을 주석으로 달았고, 이 주석 덕분에 오늘날 최초의 **프로그래머**로 인정받는다.

찰스 배비지의 계산기는 혁신적이었으나 실제로 만들어지지도, 사용되지도 못했다. 생각과 설계를 넘어 실제 작동하는 최초의 컴퓨터는 제2차 세계 대전이 한창이던 1940년대 초에 만들어졌다. 1941년 독일 엔지니어 콘라드 추제가 Z3 컴퓨터를 만들어 비행기 날개 디자인과 관련된 계산에 사용했다. Z3 컴퓨터는 1943년 폭격으로 파괴됐다.

차분기관 2호

실제로 작동하는 차분기관은 2002년에 처음 만들어졌다. 앞서 만들어진 것들이 제대로 작동하지 않았기 때문에 이 차분기관이 실질적으로 최초의 차분기관이다. 엔지니어들은 배비지의 설계를 충실하게 따라 이 차분기관을 만들었다. 부품은 8,000개가 사용됐고 무게는 5톤, 높이는 거의 3.5미터에 달한다!

PS
차분기관의 실제 모습을 보자!
컴퓨터의 역사: 차분기관

독일의 적국이던 영국에서도 컴퓨터가 만들어졌다. 영국 암호 해독자들은 1943년부터 1945년 사이에 **콜로서스**라 불리는 컴퓨터 시리즈를 만들었다. 콜로서스는 프로그래밍이 가능한 최초의 전자 계산기로써 로렌츠 사이퍼라는 독일 암호 해독을 도왔다.

튜링, 그리고 생각하는 기계

1950년, 컴퓨터 공학자 앨런 튜링은 인공지능 분야로 우리를 이끌 중요한 질문을 던졌다.

> "기계가 생각할 수 있을까?
> 기계가 생각할 수 있다면, 어떻게 사람과 생각하는 기계를 구별할 수 있을까?"

이 질문은 '지능적이다'라는 말에 대해 깊이 고민하도록 만든다. 튜링은 자신의 질문에 답하기 위해서 테스트를 하나 고안했다. 일명 튜링 테스트다. 튜링 테스트에서 질문자는 칸막이로 분리된 채 컴퓨터와 다른 사람에게 질문한다. 여기서 컴퓨터가 질문자를 속인다면, 즉 자신을 인간으로 인식하게 만든다면 그 컴퓨터는 지능이 있다고 인정받을 수 있다. 튜링 테스트를 통과하는 셈이다. 그렇다면 지금껏 튜링 테스트를 통과한 컴퓨터는 몇 대나 있을까?

아직까지 1대도 없다! 튜링 테스트를 통과하려면 컴퓨터는 반드시 지식과 논리적 추론 능력을 갖추고 자연어로 말해야 하는데, 이것은 솔직히 엄청난 과제다. 튜링 또한 그 사실을 알고 있었다. 게다가 튜링이 테스트를 고안해 낸 1950년대에는 아직 이런 기술, 그러니까 지금 같은 형태의 컴퓨터 과학 기술이 존재하지도 않았다. 한마디로 튜링은 세상에 없던 개념을 처음으로 만들어 낸 것이다.

이후 튜링은 '어린이 기계'에 관한 의견도 냈다. 어린이 기계가 차츰 '생각하는 어른 기계'로 자란다는 개념을 제안한 것이다. 컴퓨터의 지능 테스트에 체스 게임을 이용하자는 것도 튜링의 제안이었다. 논리적 과제인

앨런 튜링

앨런 튜링은 영국 수학자이자 컴퓨터 공학의 선구자다. 튜링은 1930년대 컴퓨터의 원형이라 할 수 있는 범용 튜링 기계를 발명했다. 2차 세계 대전 시기에는 블레츨리 파크에서 독일군의 암호를 풀기 위해 조직된 영국의 암호 해독자 그룹도 이끌었다. 당시 독일은 메시지 암호화 기계인 에니그마로 만든 난해한 암호를 사용했다. 튜링은 같이 일하던 고든 웰치먼과 함께 암호 해독 기계를 발명했다. 종전 후에도 튜링 기계에 대한 튜링의 연구는 계속됐고, 이 연구는 현대식 컴퓨터의 초기 형태인 자동 계산 장치 ACE의 개발로 이어졌다.

▲ 마이크 데이비가 다시 만든 튜링 기계. 하버드 대학교 'Go Ask A.L.I.C.E.' 전시회.

체스를 완전히 배운다면 좁은 의미로는 지능적이란 뜻이었다. 인공지능이 처음으로 인간에게 도전한 게임이 바로 체스였던 까닭이다.

불행하게도 튜링은 기계 지능을 만들고 시험하는 데 필요한 많은 일을 다하지 못한 채 1954년 젊은 나이로 세상을 떠났다. 비록 '인공지능'이라는 단어는 그로부터 2년 후까지 없었지만, 오늘날 많은 사람이 앨런 튜링을 인공지능의 창시자로 생각한다.

알·고·있·나·요·?

앨런 튜링은 학창 시절 생물의 **형태 발생** 단계에 관심이 많았다. 튜링의 생각에, 새로운 형태가 나타나는 까닭은 공간 안에서 이리저리 퍼지고 서로 반응하는 화학 물질들 때문이었다. 튜링의 연구는 이 분야에서도 여전히 가치를 인정받는다.

블레츨리 파크에 있는 앨런 튜링의 상. 웨일즈에서 채석한 점판암 약 50만 조각으로 만들었다.
사진 제공: Dirk Haun (CC BY 2.0)

용어의 탄생

'인공지능'이라는 용어는 1956년 여름 다트머스 대학교에서 열린 인공지능 학회 참석 초대장에 처음 쓰였다. 이 용어를 만들어 낸 사람은 컴퓨터 과학자 **존 매카시**(1927~2011)다. 매카시는 동료 학자인 하버드 대학교의 **마빈 민스키**(1927~2016), IBM의 **나다니엘 로체스터**(1919~2001)와 함께 기계가 언어를 사용하고, 개념을 형성하고, 문제를 풀고, 학습할 방법을 연구하자는 취지에서 학회를 열었다. 학회 기간 동안 매카시는 **리스프**라는 최초의 인공지능 프로그래밍 언어도 고안했다. 최초의 프로그래밍 언어인 만큼, 리스프는 초기 인공지능 제작에 많이 사용됐다.

게임 하거나 수다 떠는 컴퓨터

1950년대부터 1960년대까지 과학자들은 수학적이고 논리적인 문제를 풀고, 말할 줄 아는 컴퓨터 개발에 집중했다. 문제 풀이나 말하기가 지능적인 행위라고 생각한 것이다. (반면 물건을 잡거나 걷는 등의 행위는 지능적이라고 생각하지 않았다.) 이 중 문제 해결에 초점을 맞춘 학자들은 게임에 관심을 가졌다. 게임을 배우고, 플레이하는 능력이 지능적이라고 생각했기 때문이다.

이 시기의 과학자들은 체커, 틱택토, 체스 같은 여러 게임을 플레이하도록 컴퓨터에 프로그램을 짜 넣었다. 영국 옥스포드 대학교의 초기 인공지능 과학자들도 체커와 체스를 둘 줄 아는 컴퓨터 프로그램을 만들었다. 비록 엄청나게 느리디 느린 프로그램이긴 했지만 말이다.

그러던 1959년, IBM의 **아서 사무엘**(1901~1990)은 컴퓨터 혼자 체커 게임을 하며 스스로 학습하는 컴퓨터가 프로그램을 만들었다. 자기 힘으로 학습하는 최초의 프로그램이었다. 이 컴퓨터 프로그램은 계속 학습한 결과, 코네티컷 주 체커 챔피언도 이겼다. 사무엘은 이 프로그램을 머신 러닝이라 불렀으며 논문에 "목적이 분명히 드러나는 프로그램을 작성하는 대신 컴퓨터가 직접 학습할 수 있는 능력을 부여하려는 연구 분야"라고 정의하기도 했다.

앞에서도 말했듯이, 초기 인공지능 과학자 중에는 사람과 대화 가능한 컴퓨터를 연구하는 과학자들도 있었다. 이때까지의 컴퓨터는 오직 기계어 혹은 프로그래밍 언어만 이해할 수 있었기 때문에 이 분야의 과학자들은 컴퓨터가 인간의 말과 글 즉, 자연어를 이해하고 인간에 적절히 대응하는 것에 초점을 맞췄다.

1966년, 매사추세츠 공과 대학교(MIT)의 컴퓨터 과학자 **요제프 바이젠바움**(1923~2008)은 자연어를 인식하

엘리자 효과

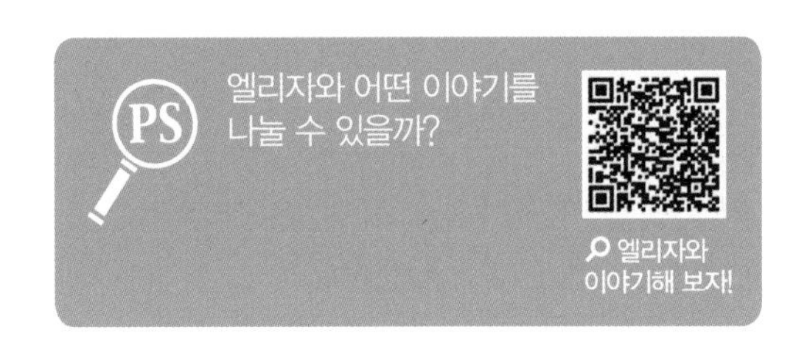

엘리자는 1960년대 사람들의 정신적 문제를 상담하는 '카운슬러' 프로그램으로 만들어졌다. 처음으로 사람을 대상으로 시험했을 때, 많은 사람이 엘리자가 진짜 사람이라고 생각하며 점점 그녀에게 빠져들었다. 엘리자에게 치료받은 많은 사람은 이 새로운 의사에게 강렬한 감정을 느꼈고, 학자들은 이 같은 결과에 깜짝 놀랐다. '엘리자 효과'는 이제 사람들이 컴퓨터의 말을 사람의 말이리라 생각하는 현상을 일컫는 단어로 쓰인다.

고, 사람의 질문에 적절하게 반응하며 대답하는 컴퓨터 프로그램을 만들었다. **엘리자**라는 이름이 붙은 이 최초의 챗봇은 누군가 "슬프다"고 말하면, "오늘 슬퍼서 왔나요?"라고 답했다. 상당히 적절하지 않은가? 이런 일은 **패턴 매칭** 기술 덕에 가능했다. 엘리자에게도 닥터라는 패턴 매칭 프로그램이 있었다.

패턴 매칭 기술은 데이터베이스 검색에 기반을 두고 있다. 과학자들이 패턴 매칭을 위해 만든 데이터베이스에는 각종 단어와 구절 등은 물론 적절한 대답도 포함돼 있었다. 패턴 매칭 프로그램은 이 데이터베이스를 검색해 단어의 순서나 검색어와 일치하는 개수 등을 확인하고 검색된 패턴과 가장 가까운 대답을 제공했다. 엘리자의 닥터 역시 '슬프다'를 인식하고 데이터베이스를 검색한 후 엘리자가 답변하도록 도왔다. 이 같은 패턴 매칭 기술은 인공지능 분야에서 놀라운 발전이었지만, 오늘날의 기준으로 엘리자의 패턴 매칭 방식은 매우 초보적이다.

인공지능의 겨울

1950년부터 1960년대까지 과학자들을 포함해 많은 사람이 생각하는 기계에 대한 기대로 부풀었으나 1970년대에 다다를 때까지 인공지능은 기대만큼 발전하지 못했다. 인공지능 연구를 위한 자금 지원이 점점 줄어들었고, 많은 과학자가 진정한 인공지능의 개발까지 갈 길이 아주 멀다는 사실을 깨달았다. 이 시기에 주목받던 다수의 인공지능 연구들이 중단됐다. 그래서 1970년대 초부터 1980년대 중반까지를 인공지능의 겨울이라고 부른다.

물론 인공지능의 겨울이 왔다고 모든 인공지능 연구가 중단된 것은 아니었다. 강한 인공지능을 연구하던 많은 과학자가 여전히 진정한 지능을 갖추었으며 다양한 일 처리가 가능한 기계를 만들고자 했다. 그러나 몇몇 과학자는 방법을 바꿔 약한 인공지능부터 연구하기로 했다. 특정한 문제를 해결함으로써 좀 더 쉽게 연구 성과를 낼 수 있기 때문이었다.

> " 약한 인공지능이 뿌린 씨앗 덕분에 인공지능은 1980년대 다시 일어설 수 있었다. "

인공지능의 봄

인공지능 연구는 1980년대 중반부터 다시 꽃을 피웠다. 이 시기의 과학자들은 강한 인공지능 연구보다 약한 인공지능에 더 많은 관심을 가졌다. 인공지능 분야로 돌아온 과학자들은 특정 과제 해결에 필요한 프로그램 제작에 관심을 가지고, 지식 기반을 만들기 위한 **전문가 시스템** 연구를 시작했다.

전문가 시스템이란 컴퓨터 시스템에 인간의 전문성을 담은 것이다. 은행의 주택 담보 대출을 예로 들면, 인간 은행원이 알고 있는 모든 것을 전문가 시스템에 담았다. 이런 전문가 시스템은 은행에서 일하는 많은 사람에게 도움이 될 뿐만 아니라 은행원이 고객의 질문에 훨씬 효율적으로 답변하도록 도와준다.

인공지능은 지식 기반 전문가 시스템 이외의 방법으로도 사용되었으며, 사람들은 인공지능 기술이 사용되었는지도 몰랐다. 대표적으로 자동 초점 카메라와 퍼지 논리를 적용한 자동차의 ABS 브레이크가 있다. 휴대폰 카메라를 들어 친구 얼굴을 찍으려 하면 저절로 얼굴에 초점이 맞춰지지 않는가? 모두 인공지능 덕분이다.

퍼지 논리

퍼지 논리는 인공지능 알고리즘의 하나로, 1980년대 카메라나 자동차 ABS 브레이크 같은 장치의 제어에 쓰였다. 퍼지 논리는 전통적인 논리학과 작동 방식이 다르다. 전통적인 논리학에서는 모든 것을 '참이나 거짓'으로 다루지만, 퍼지 논리는 정도에 따라 생각한다. 운전 시 가볍게 브레이크를 밟았다고 치자. 전통적인 논리학에 따르면, 이때 제동 장치의 상태는 작동하거나 작동하지 않거나 둘 중 하나다. 브레이크를 얼마나 세게 밟았는지는 상관없다. 그런데 퍼지 논리에 따르면, 브레이크는 30%만 작동할 수도 있다. 즉, 퍼지 논리를 적용하면 수준별 인공지능 제어가 가능해진다.

머신 러닝과 신경망

1990년대 인공지능의 두 분야인 기계 학습과 신경망에서 큰 발전이 일어났다. 1950년대 등장한 두 분야의 기술은 서로 연관돼 있다. 먼저 기계 학습부터 이야기해 보자.

앞서 언급한 인공지능의 아버지 앨런 튜링은 1950년대 '새로운 지식을 학습할 수 있는 아이 수준의 생각하는 기계'를 상상했다. 또 다른 기계 학습의 예로, 몇 년 후, 아서 사무엘이 컴퓨터에게 체커 게임 하는 법을 가르쳤다. 사무엘은 심지어 '머신 러닝'이라는 용어도 만들었지만, 이후 40년이 지나도록 머신 러닝은 거의 발전 없이 제자리걸음만 했다. 중요하고 의미 있는 발전은 1990년대 들어서야 비로소 일어났다.

1990년대 과학자들은 컴퓨터에게 인간의 지식을 주입하고 체계화하는 방법을 알려 주는 대신, 컴퓨터에게 단순히 엄청난 양의 데이터만 제공하고, 분석하는 방법을 가르쳤다. 즉, 컴퓨터가 직접 제공된 데이터를 분석하고 결론을 이끌어 내도록 프로그래밍 했다. 컴퓨터가 스스로 배우게 된 것이다.

> "머신 러닝은 컴퓨터가 스스로를 가르치는 과정이다."

이 같은 머신 러닝이 가능해진 것은 인터넷의 발달에 힘입은 엄청난 양의 데이터 축적 덕분이다. 1989년, **월드 와이드 웹**이 개발되며 등장한 인터넷은 빠르게 발전했다. 인터넷의 규모가 커가며 더 많은 디지털 데이터가 온라인에 저장됐다. 인공지능 과학자들은 컴퓨터에게 자율적인 학습 방법을 가르치고 나서 온라인에 존재하는 엄청난 데이터와 연결해 주면 머신 러닝이 시작된다는 사실을 깨달았다.

머신 러닝은 컴퓨터에게 학습 능력을 제공하는 여러 알고리즘으로 구성된다. 이 중 어떤 알고리즘은 데이터 분석 후 분석 정보를 바탕으로 예측하고, 결정한다. 이것이 가능한 까닭은 인공 **신경망** 덕분이다. 이 '신경망'은 학자들이 인간 뇌의 작동 방식에서 영감을 받아 만든 컴퓨터 프로그램이다. 뇌의 뉴런들은 서로 연결된 채 신호를 주고받는데, 신경망이 이런 행위를 그대로 따라하는 것이다.

인공 뉴런은 여러 층으로 구성된다. 아래 입력층은 정보를 받아들이고 분석한 다음 분석 결과를 위의 은닉층으로 보낸다. 은닉층은 받은 데이터를 한 단계 더 처리해서 출력층으로 보낸다. 그럼 은닉층의 출력을 바탕으로 컴퓨터는 예측하거나 결정한다. 넷플릭스 같은 웹사이트가 알아서 내 취향의 영화를 추천해 줄 수 있는 것도 인공지능 덕분이다. 이렇게 컴퓨터가 스스로 이해하고, 기계들끼리 서로 의사소통할 수 있는 지능형 웹을 **시멘틱 웹**이라고 한다.

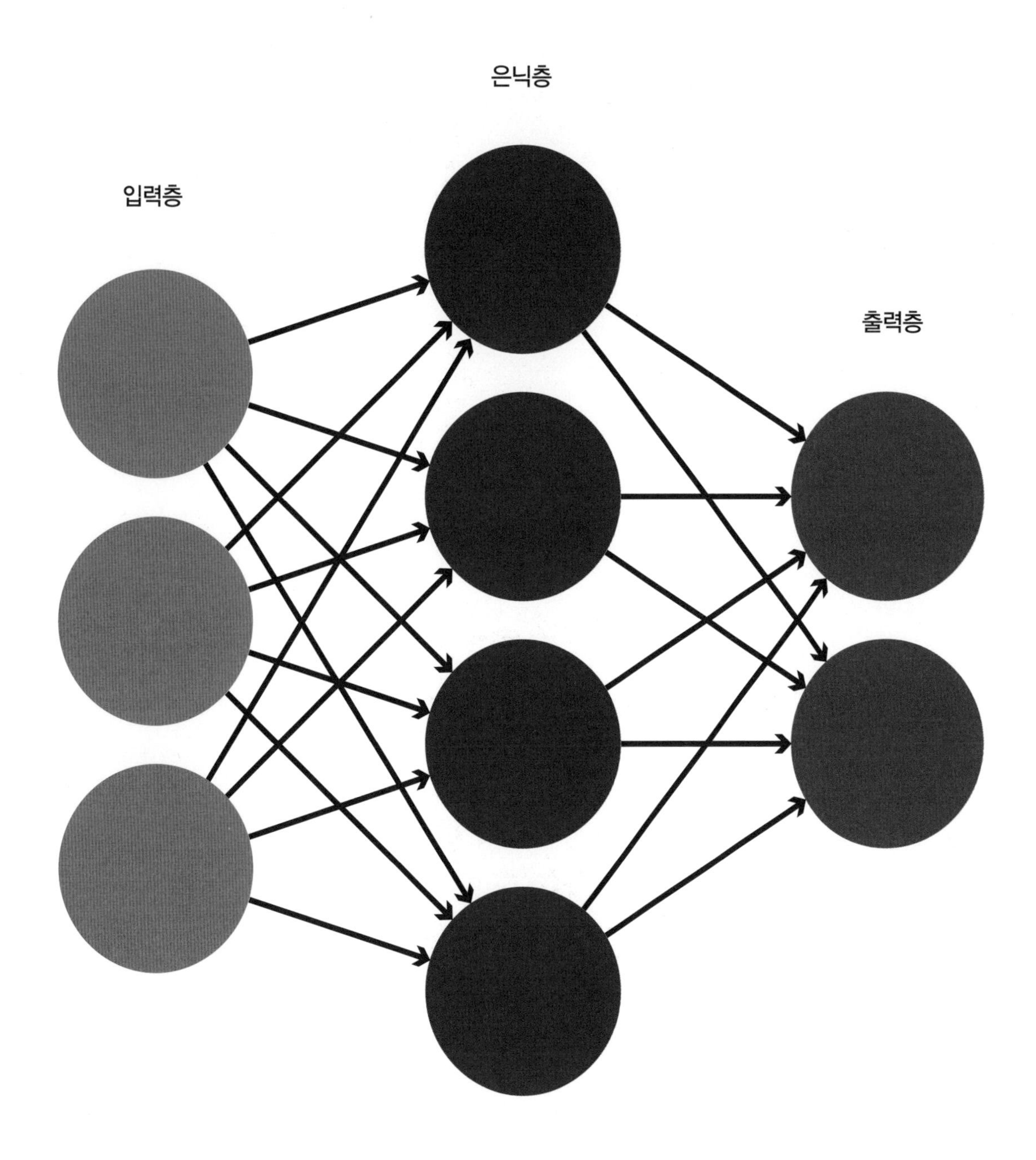

신경망 다이어그램

이 신경망이 영화를 추천한다면, 입력층은 이미 관람한 영화들의 목록을 수집하고, 은닉층은 입력층의 정보를 처리하며, 출력층은 컴퓨터가 고객의 취향이라고 판단한 영화를 추천할 것이다.

> “머신 러닝 알고리즘은 예전에 선택한 영화들을 살펴보고,
> 회원의 취향이 SF다 싶으면 새로운 SF 영화를 추천한다.”

어떤 인공지능 신경망에게 강아지 사진을 생김새별, 크기별, 색깔별로 수백만 장씩 보여 줬다고 가정하자. 신경망은 모든 정보를 활용해 강아지의 패턴을 알아보는 법을 배운다. 이후 새로운 사진을 보여 주면 이 신경망은 사진이 강아지를 찍은 것인지 아닌지 구별한다. 이제 인공지능은 강아지를 구분할 수 있다. 인공지능이 강아지 알아보는 법을 스스로 터득한 것이다!

> “과학자들은 우리 뇌가 확실히 그렇게 작동한다고 생각하지 않지만,
> 인공지능에게는 이 방법이 통한다.”

2000년대에 들어서자 컴퓨터는 성능이 매우 좋아졌다. 그 덕분에 **딥 러닝**이라 불리는 프로그램을 만들 수 있었다. 딥 러닝 신경망은 이전보다 은닉층을 훨씬 더 많이 지님으로써 사용 가능한 정보량이 훨씬 더 늘어났다. 따라서 더 많이 배울 수 있다.

몇몇 인공지능은 이제 너무나 자연스러운 일상이 되어 사람들이 더는 그것을 인공지능으로 인식하지 못하기도 한다. 이런 현상을 ‘인공지능 효과’라고 한다. 일례로, 한때 사람들은 음성 인식을 인공지능의 핵심이라고 생각했지만, 더는 그렇지 않다. 덧붙여 음성 인식은 진정한 인공지능도 아니다.

인공지능 연구는 결코 역사가 깊다고 할 수 없다. 오히려 짧다면 짧은 편이다. 20세기에 시작됐으니까. 하지만 이 짧은 기간 인공지능은 상상 속의 ‘생각하던 기계’에서 우리 일상의 자연스러운 일부가 됐다. 심지어 인공지능에 너무 익숙해져서 인공지능의 존재를 느끼지 못하기도 하지만, 아직 각종 SF에서 꿈꾸던 완전히 지능적인 컴퓨터나 로봇은 등장하지 않았다. 사실 오늘날 인공지능의 정의는 초기와 많이 달라졌다. 초기의 선구자들이 예상치 못하던 개념도 포함돼 있다. 사회 발전상에 인공지능도 적응하며 의미가 변한 것이다.

생각을 키우자!

인공지능의 정의는 20세기를 지나며 어떻게 변했을까?

탐·구·활·동

스크래치 탐험! 미로 찾기 게임 만들기

스크래치는 매사추세츠 공과 대학교(MIT) 컴퓨터 과학자들이 초보 학습자들을 위해 만든 시각적인 프로그래밍 언어다. 프로그래밍 코드들이 조각 퍼즐의 조각 모양이므로, 서로 끼워 맞춤으로써 원하는 프로그램을 만들 수 있다.

1 > **스크래치 웹사이트에 접속해 보자.** 웹사이트를 탐색하며 스크래치로 만든 프로그램들을 살펴보라.

2 > **'소개 - 도움말 페이지'의 '시작하기' 페이지로 들어가 '시작 튜토리얼'을 해 보라.** 다른 튜토리얼도 해 보며 스크래치 사용법을 익히자.

스크래치

3 > **검색 창에 'maze starter'를 입력하자.** Maze Starter라는 예제 프로젝트로 스크래치 프로그램의 동작 방식에 더해 스크래치 프로그래밍을 배울 수 있다.

4 > **일단 게임을 해 보자!** 화면 위쪽 초록 깃발을 클릭하면 게임이 시작된다. 공이 벽에 부딪히거나 미로 출구로 굴러가면 어떤 일이 일어날까?

5 > **'스크립트 보기' 클릭으로 게임의 코드를 보자.** '스프라이트'의 동작에 해당하는 코드를 보려면 스프라이트를 클릭해야 한다. 이를테면, 공 스프라이트를 클릭함으로써 공을 움직이는 코드의 조각들을 볼 수 있다.

6 > **'리믹스' 클릭 후 나만의 게임을 만들어 보라.** 스크래치에 로그인해야 리믹스를 할 수 있다. 로그인하면 코드와 스프라이트를 원하는 대로 바꾸고, 바꾼 것을 나의 프로젝트로 저장할 수 있다. 미로를 더 복잡하게 만들 수도, 스프라이트 캐릭터를 바꿀 수도, 소리를 넣을 수도 있다. 직접 만든 프로젝트를 스크래치 사이트에서 다른 사람들과 공유하자.

이것도 해 보자!

엔트리 같은, 또 다른 시각적인 프로그래밍 언어나 앱을 써 본 다음 스크래치와 비교해 보자.

탐·구·활·동

종이에 코딩하기

틱택토는 인공지능 학자들이 개발한 최초의 컴퓨터 게임 가운데 하나로, 규칙과 전략이 단순하다. 빙고처럼 가로 또는 세로, 대각선 방향의 한 줄을 자기 모양(색상)으로 채우면 승리한다. 이 게임을 컴퓨터가 하도록 프로그래밍 하려면 어떻게 해야 할까? 누구나 따라 만들 수 있는 틱택토 프로그램을 종이 위에 작성해 보자.

1 > **틱택토 프로그램의 목적은 무엇일까?** 목표를 달성하려면 코드가 어떻게 동작해야 할까? 공학자 공책에 문제를 적고, 답을 찾아보자. 게임 규칙을 단계별 단순 동작으로 나눌 수 있을까? 틱택토 게임을 모르는 사람에게 게임 방법 설명할 방법도 고민해 보자.

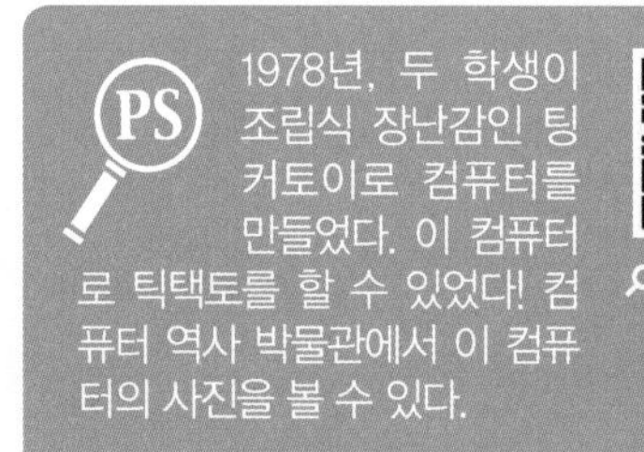

PS 1978년, 두 학생이 조립식 장난감인 팅커토이로 컴퓨터를 만들었다. 이 컴퓨터로 틱택토를 할 수 있었다! 컴퓨터 역사 박물관에서 이 컴퓨터의 사진을 볼 수 있다.

컴퓨터 역사: 팅커토이

2 > **틱택토를 탐구해 보자.** 틱택토의 규칙은 무엇일까? 게임에 어떤 전략이 필요할까? 혼자 또는 친구와 게임을 해 보고, 어떤 방법으로 게임했는지 기록해 두자. 그 밖에 알게 된 것, 예를 들어 게임이 항상 비기는 경우나 맨 처음 선택하면 유리한 사각형이 있는지 등도 주의 깊게 살펴보자.

3 > **이제 코드를 작성하자!** X나 O 둘 중에서 한쪽만 위한 게임 방법을 쓰자. 다른 한쪽은 우리가 직접 할 것이라 게임 방법이 필요 없다. 게임에서 이기기 위한 단계별 게임 방법도 잊지 말자. 참고로 코딩에서는 ~면(if-then) 구문이 자주 사용된다. 이를테면, 미로 찾기 게임 코드 작성 시 아래와 같은 게임 방법을 쓸 수 있다.

① 한 칸 앞으로 가라. 벽과 부딪히면, 왼쪽으로 돌아라. 벽과 부딪히지 않으면, 앞으로 한 칸 더 가라.

② 틱택토에서는 다음 같은 게임 방법을 쓸 수 있다. "X를 한쪽 구석에 놓아라. 그곳에 벌써 O가 있다면, 반대편 구석에 놓아라."

4 > **작성 코드를 테스트하라.** X는 사람, O는 작성한 코드를 따라 동작하는 인공지능 컴퓨터라고 가정한다. 사람은 알아서 격자판 위 어딘가에 X를 놓겠지만, 인공지능 컴퓨터는 반드시 작성된 코드에 따라 O를 놓아야 한다. 코드에 문제가 있어 게임 진행이 불가능하다면, 문제를 잘 기록하자. 잘못

OXO

1952년, 영국 과학자 **샌디 더글러스**(1921~2010)는 최초의 비디오 게임을 만들었다. OXO, 또는 삼목으로 알려진 틱택토 게임이다. 이 게임은 사람 1명과 컴퓨터가 해야 한다. 더글러스는 **에드삭** 컴퓨터로 이 프로그램을 만들었는데, 에드삭은 최초의 프로그램 내장식 컴퓨터로써 기억 장치 안에 게임 코드를 저장했으며 틱택토 게임에서 절대 지는 일이 없도록 프로그래밍 됐다.

된 코드는 어떻게 고쳐야 할까? 이때 꼭 기억해야 할 점은 '코드'라고도 하는 '프로그램'은 단지 실행할 명령의 집합일 뿐이라는 사실이다.

5> **코드를 수정하자.** 코드를 몇 번씩 다시 고치고 테스트해야 할 수도 있다. 프로그래머들은 실제로 그렇게 한다.

6> **마지막으로 한 번 더 게임을 해 보자.** 게임 내용을 관찰해 기록한다. 인공지능 컴퓨터가 예상처럼 동작했는지에 대해서도 답변한다. 예를 들어, 게임은 비기며 끝났나? 종이에 작성한 프로그램이 지능적이라고 할 수 있을까? 여러분의 대답과 이유는?

알·아·봅·시·다·!

가위바위보처럼 단순한 다른 게임에 대해 알고리즘을 작성해 보자!

2장 중요 단어와 인물

35쪽 **인공지능 비서(AI assistant):** 자동화 서비스로 빠른 업무 처리에 도움이 되는 사무 보조의 역할을 해 줄 뿐만 아니라, 삶의 질을 향상시키는 각종 편의 서비스도 제공하는 인공지능 서비스. 많은 인공지능 비서가 사람이 음성으로 내린 명령을 이해하고 수행할 수 있다.

36쪽 **음높이(pitch):** 소리의 높낮이.

36쪽 **음색(tone):** 음악 소리나 목소리의 특성. 또한, 감정이나 성격을 나타내는 소리 특성.

36쪽 **음량(loudness):** 음의 크기.

37쪽 **특허(Konzession):** 어떤 발명품에 대해 오직 발명가만이 해당 발명품을 만들고, 쓰고, 판매할 수 있도록 정부가 발명가에게 주는 권리.

37쪽 **센서(sensor):** 열, 빛, 온도, 압력, 소리 등 물리적인 변화를 감지, 측정, 기록하는 기기.

37쪽 **사물 인터넷(IoT, Internet of Things):** 컴퓨터나 휴대 전화처럼 무선 인터넷이 가능했던 기존의 기기들뿐만 아니라 책상, 자동차, 냉장고, 에어컨 등 세상에 존재하는 모든 사물을 인터넷으로 연결한 것. 두 가지 이상의 사물들이 서로 연결됨으로써 개별 사물들이 제공하지 못했던 새로운 기능을 제공하는 것이 특징이다.

40쪽 **강화 학습(reinforcement learning):** 주어진 입력에 대한 정답 행동이 주어지지 않고, 일련의 행동 결과를 보상해 주는 기계 학습 방법.

40쪽 **조직 검사(biopsy):** 병이 있는지 자세히 검사하기 위해 살아 있는 생물의 몸에서 조직을 조금 떼어내 검사하는 방법.

41쪽 **예측 치안(predictive policing):** 수학적이고 통계적인 기법으로 범죄 데이터를 분석하고, 이로써 범죄 가능성을 예측, 활용하는 치안 방법. 2011년 11월 타임지가 예측 치안을 2011년 50가지 최고의 발명품 가운데 하나로 선정하기도 했다. 예측 치안 방식은 총 4가지로 분류할 수 있다. 첫째, 범죄 예측 방식, 둘째, 범죄자 예측 방식, 셋째, 가해자 예측 방식, 넷째, 범죄 피해자 예측 방식.

40쪽 **위키피디아(wikipedia):** 전 세계 여러 언어로 만들어 나가는 온라인 자유 백과사전. 누구나 참여할 수 있으며, 한국에서는 '위키 백과'라고 한다.

42쪽 **빅데이터(big data):** 기존의 방법이나 도구로는 수집, 저장, 분석 등이 어려울 만큼 엄청나게 양이 많은 데이터. 반복되는 패턴 등을 분석해 트렌드 살펴보기 등에 쓰인다.

44쪽 **수상돌기(dendrite):** 신경세포에서 가지 모양으로 짧게 뻗은 부분으로, 다른 세포로부터 신호를 받음.

44쪽 **축삭돌기(axon):** 신경세포에서 실처럼 긴 부분으로, 신경세포체에서 나온 신호를 다른 세포로 보냄.

46쪽 **프랭크 로젠블랫(Frank Rosenblatt):** 20세기 미국 심리학자 겸 컴퓨터 과학자. 연결주의를 바탕으로 "컴퓨터도 인간 뇌의 신경망처럼 학습시키면 근삿값을 출력할 수 있다"는 '퍼셉트론' 이론을 제시했다.

2장

오늘날의 인공지능

알렉사, 음악 틀어 줘! 시리야, 그 카페에 어떻게 가지? 이미 많은 사람이 거실이나 스마트폰, 차 안에 있는 인공지능과 이야기한다. 인공지능 비서들은 음악을 틀어 주고, 책을 읽어 주고, 질문에 대답도 하고, 게임도 하고, 길까지 알려 준다. 심지어 텔레비전이나 전등 같은 스마트 기기도 관리해 준다. 하지만 요즘 세상에 인공지능 비서는 그렇게 대단한 인공지능도 아니다.

아마존의 알렉사와 애플의 시리는 물론 네이버의 클로버, 카카오의 카카오미니, 구글 어시스턴트, 삼성의 빅스비 등은 모두 음성으로 제어되는 **인공지능 비서**다. 지난 몇 년 사이 인공지능 비서들은 폭발적으로 늘어났다. 이처럼 다양한 인공지능 비서가 등장할 수 있었던 까닭은 무엇일까? 모두 21세기 초, 인공지능이 놀랍게 발전했기 때문이다.

생각을 키우자!

인공지능은 21세기 들어 어떻게 지금처럼 발전할 수 있었을까?

음성 인식과 자연어 처리

사람은 아주 어릴 때부터 음성을 인식하고 이해하는 법을 배운다. 소음과 목소리를 구별하고, 억양의 차이도 느낀다. **음높이**, **음색**, **음량**에 따라 뜻이 달라진다는 것도 자연스럽게 이해한다. 어떤 단어에는 여러 뜻이 있다는 사실도 안다. 예를 들어, '사과'라는 단어를 들으면 문맥상 과일인지 '미안하다'는 뜻인지 구별한다. 사람은 자신이 들은 문장이 설명인지 질문인지도 어렵지 않게 구별한다.

하지만 인공지능은 이 모든 것을 배우기가 매우 어렵다. 컴퓨터가 말보다 글을 훨씬 더 쉽게 이해하기 때문이다. 그런데 오늘날 우리는 인공지능에게 말로 명령하고, 인공지능은 우리가 하는 말을 거의 알아듣는다. 어떻게 과학자들은 우리의 말을 알아듣는 인공지능 프로그램을 만들었을까?

사람의 말인 자연어를 기계가 알아듣도록 만드는 일은 인공지능 연구에서 좀처럼 풀기 어려운 문제였다. 이 문제 해결을 위해 1970년대와 1980년대의 인공지능 과학자들은 열심히 노력했으나 성과가 미미했고, 1990년대 들어 크게 발전했으나 수준이 높지는 않았다. 드래곤 시스템즈라는 회사가 사람의 말을 글로 바꿔 화면에 표기하는 받아쓰기 소프트웨어를 처음으로 만들었는데, 이만해도 엄청난 발전이었지만 이 초창기 받아쓰기 소프트웨어는 느린데다 정확하지도 않았다.

인간과 컴퓨터의 대화가 담긴 짧은 동영상을 보자.
인공지능 음성 인식의 과학

음성 인식의 수준은 머신 러닝의 발전에 힘입어 2000년대부터 비약적으로 높아졌다. 인공지능은 엄청나게 많은 단어, 명령, 문장을 들었다. 우리가 지금 손쉽게 접하는, 사람의 말을 알아듣는 인공지능 비서들은 모두 머신 러닝 기술 덕분에 만들 수 있었다.

뭐라고?

매사추세츠 공과 대학교(MIT)의 과학자들은 자신들이 개발한 사운드넷이라는 딥 러닝 신경망이 소리를 인식하도록 훈련시켰다. 과학자들은 주변 소음이 그대로 담긴 소리 파일들을 사운드넷에게 입력했고, 사운드넷은 한 파일에 담긴 여러 소리를 구분해서 어떤 상황인지 짐작하는 법을 배웠다. 아래 QR로 이동해 훈련에 사용된 소리 파일을 들어 보라.

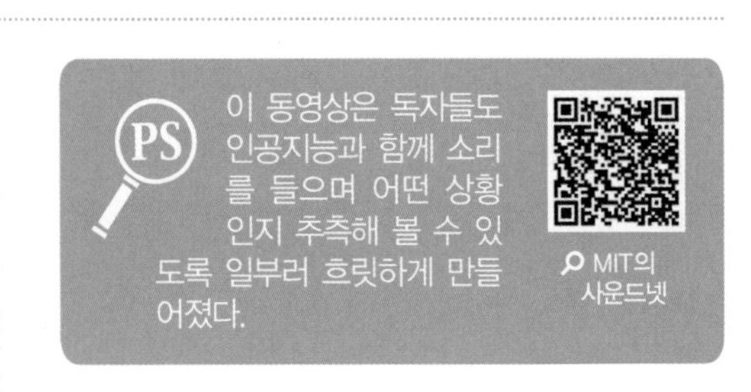

PS
이 동영상은 독자들도 인공지능과 함께 소리를 들으며 어떤 상황인지 추측해 볼 수 있도록 일부러 흐릿하게 만들어졌다.
MIT의 사운드넷

인공지능 비서

인공지능 비서는 다른 인공지능에 비해 최근에 등장했다. 2011년 아이폰과 함께 공개된 애플의 인공지능 비서 '시리'가 처음이었다. 구글도 2012년에 '구글 나우'를, 2016년에 '구글 어시스턴트'를 선보였다. 여러 인공지능 비서 중 2017년까지 세계의 음성 인식 인공지능 시장을 가장 많이 차지한 것은 아마존의 '알렉사'다. 2012년 아마존에서는 음성 명령을 이해하고 음성으로 답하는 인공지능 장치의 **특허**를 신청했다. 이 음성 인공지능이 '에코'나 '에코 닷' 같은 제품에서 음성 서비스를 하는 알렉사였다. 알렉사가 담긴 최초의 에코는 2014년에 첫 출시됐다.

알렉사는 사용 중에도 머신 러닝으로 계속 학습하는 인공지능의 대표 사례로, 일 처리 과정에서 저지른 실수를 통해 배운다. 아마존은 알렉사 사용 과정에서 출력된 데이터를 모으고, 이 데이터로 계속 알렉사를 발전시킨다.

" 알렉사는 사용될수록 점점 더 똑똑해진다. "

인공지능 비서는 또한 전등, 활동량이나 건강 상태 등을 추적하는 스마트 밴드, 카메라, 자동 온도 조절기, 심지어 자동차 같은 스마트 기기들과 정보를 주고받을 수 있다. 이 밖에도 **센서**를 붙인 다양한 기기로 **사물**

인터넷 네트워크가 구성된다. 앞으로 점점 더 많은 기기가 사물 인터넷 네트워크에 연결되면, 인공지능 비서는 더 많은 기기와 연결되고, 또 제어할 것이다. 이런 기술은 우리 삶을 얼마나 더 편안하게 해 줄까?

2020년까지 사물 인터넷에 연결된 기기가 260억 개나 될 것이라고 한다!

우리는 아직 인공지능 비서들과 진정한 의미의 대화를 나눌 수 없다. 허심탄회하게 터놓고 속마음을 나눌 수는 없다는 뜻이다. 인공지능 비서와 이야기를 나눠 본 적이 있다면, 생각해 보라. 가장 좋아하는 음악 또는 어떤 책이나 영화에 대한 의견을 물어보면 인공지능 비서는 과연 뭐라고 답할까? 어느 인공지능 비서든 아직은 자기 의견이 없으므로 제대로 대답하지 못할 것이다. 그래서 우리는 인공지능 비서에게 말할 때와 가족이나 친구들에게 말할 때의 말투가 확 달라지기도 한다. 인공지능 비서에게 말을 걸 때, 말투가 어땠는지 떠올려 보라.

아마도 주로 명령 투로 말할 것이다. 이를테면 음악을 멈추고 싶을 때 "스톱!", "그만!", "취소!"라고 말하지 않는가? 아직은 오로지 명령만 하는 셈이다. 아직 진솔한 대화를 나누고 우정을 쌓을 정도는 아니랄까. 그렇다고 현재 인공지능의 발전 수준이 낮다고 보기는 어렵다.

아마존의 스마트 스피커 에코.
사진 제공: Crosa (CC BY 2.0)

알렉사, 이거 해 봐!

이 웹사이트에서 알렉사를 사용해 볼 수 있다. 사이트를 이용하려면 일단 아마존 아이디가 필요하다. 아마존에서 제공하는 알렉사 스킬 테스트 도구는 '제퍼디! 하기', '스마트 기기 제어하기' 등 새로운 기능이 개발될 때 알렉사가 잘 작동하는지 테스트하는 시뮬레이션이다.

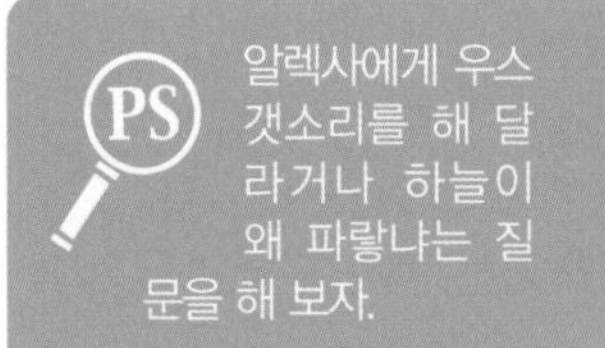

알렉사에게 우스갯소리를 해 달라거나 하늘이 왜 파랗냐는 질문을 해 보자.

알렉사를 시험해 보자!

알파고

오늘날 인공지능의 수준이 우리의 생각보다 높음을 보여 주는 대표 사례는 구글이 인수한 딥마인드의 인공지능 알파고다. 알파고는 2015년 10월, 유럽 바둑 챔피언 판 후이(1981~)와 대결해서 이겼다.

> "알파고와 후이의 2015년 시합은 컴퓨터가 처음으로 프로 바둑 기사를 이긴 사건이었다."

알파고는 이듬해 국제 바둑 대회에서 18차례나 우승한 세계 챔피언 이세돌(1983~)도 이겼다. 이세돌은 총 5국 중 3연패 끝에 겨우 1승을 거뒀는데, 이 1승은 알파고와의 대국에서 유일하게 인간이 이긴 것이다. (알파고의 바둑 성적은 68승 1패다.)

바둑 둘 준비가 됐다면, 고!

바둑은 아주 오래된 전략 게임이다. 2500여 년 전 중국에서 시작된 이 게임의 규칙은 단순하다. 각각 검은 돌과 흰 돌을 잡고, 번갈아 바둑판 위에 놓는다. 검은 돌은 흰 돌, 흰 돌은 검은 돌에 둘러쌓임으로써 포로가 된다. 포로로 사로잡은 돌만큼의 영역을 차지할 수 있다. 최종적으로 바둑판에서 더 넓은 영역을 차지한 사람이 승리한다. 규칙은 간단하지만, 체스보다 훨씬 복잡하다. 체스에서 첫수를 두는 방법은 20가지뿐이지만, 바둑에는 무려 361가지나 있다.

이세돌과의 경기에서 알파고는 몇 번이나 기발한 수를 두었다. 그중 어떤 수는 수백 년 동안 쌓인 바둑의 지혜에 도전장을 내미는 것이었다. 이 승리 덕에 알파고는 2016년 3월 가장 높은 등급의 프로 기사 단증을 수여받았다. 컴퓨터에게는 처음 있는 일이었다. 알파고는 이후 2017년 당시 바둑 세계 챔피언이었던 중국의 커제(1997~)에게도 이긴 다음 바둑에서 은퇴했다.

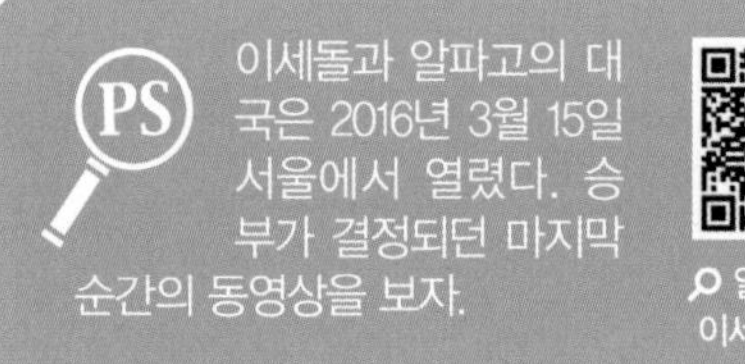

PS
이세돌과 알파고의 대국은 2016년 3월 15일 서울에서 열렸다. 승부가 결정되던 마지막 순간의 동영상을 보자.

알파고와 이세돌의 경기

바둑에서 믿기지 않을 만큼 놀라운 성적을 거두고 은퇴한 알파고는 심층 신경망을 갖췄다. 심층 신경망은 입력층과 출력층 사이의 은닉층이 여러 층으로 구성된 신경망이다. 알파고는 아마추어와 프로 바둑 기사의 대국을 수천 번 보고, 자기 자신을 상대로 수백만 번 바둑을 뒀다. 매 게임 실수를 통해 깨우치며 실력이 늘었다. 이렇게 배우는 학습법을 **강화 학습**이라고 한다.

알·고·있·나·요·?

바둑 두는 인공지능의 최신판 알파고 제로는 오로지 자신만 상대로 대국하며 바둑을 익혔다.

보이지 않는 곳에서

강력한 인공지능이 오직 게임만을 위한 것은 아니다. 수많은 딥 러닝 인공지능이 엄청난 양의 데이터를 처리해야 하는 분야에서 이미 이런저런 과제를 해결하고 있다. 예를 들어, IBM의 왓슨과 구글 소속 딥마인드의 인공지능을 포함한 여러 인공지능은 의료업에서도 애쓰고 있다.

현재 구글의 인공지능은 텍사스 안과에서 눈 촬영 사진을 읽고 있다. 각종 안과 질환의 다양한 단계를 앓는, 환자 수백 명의 눈 촬영 사진을 읽으며 훈련 중인 것이다. 이 인공지능의 목표는 아주 초기 단계의 눈병을 발견하는 것이다. 의사들이 수년간 수련해야 할 수 있는 일을 왜 컴퓨터에게 맡기려 할까? 이 병원 의사들에게는 많은 환자가 몰려든다. 환자들은 진단 전에 눈 사진을 여러 장 찍고, 검사도 받는다. 이 과정을 인공지능이 빨리 처리해 주면 의사들은 더 많은 환자를 볼 수 있다.

한편, 딥마인드는 영국 국립 건강 서비스와 함께 인공지능으로 사람들의 건강 개선 프로그램을 개발하고 있다. 스탠퍼드 대학교의 어떤 인공지능은 **조직 검사**를 위해 떼어낸 조직에서 유방암을 발견하는 방법을 배우는 중이다. 마지막으로 IBM의 왓슨은 병을 진단하고, 치료법을 추천하고, 여러 의학 과제를 해결하는 법을 배우고자 노력하고 있다.

현재 인공지능은 의료가 아닌 다른 분야에서도 사용된다. 예를 들어, 법률 정보를 간편하게 조회하고, 고객층을 결정하고, 주식을 추천하는 데도 사용 중이다. 치안 분야에서도 인공지능은 필요하다. 인공지능을 활용하면 사이버 범죄도 적발할 수 있다. 이를테면 개인 정보를 훔치려는 온라인상의 해커를 잡을 수 있다.

이미 많은 나라의 경찰이 **예측 치안**을 위한 인공지능 프레드폴을 사용 중이다. 프레드폴은 과거 데이터 분석으로 도시의 범죄 발생 패턴을 파악하고, 범죄 발생 확률이 높아 순찰해야 하는 장소의 목록을 날짜별로 만들어 경찰에게 준다.

왓슨 박사, 그건 기본이지!

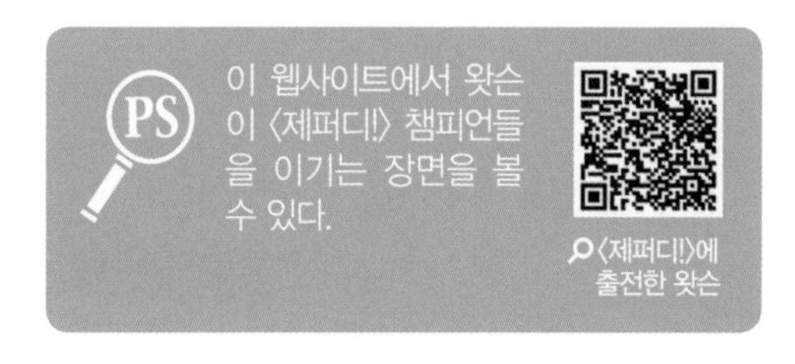

PS
이 웹사이트에서 왓슨이 〈제퍼디!〉 챔피언들을 이기는 장면을 볼 수 있다.
〈제퍼디!〉에 출전한 왓슨

2004년, IBM의 한 개발자는 미국의 인기 퀴즈 쇼 〈제퍼디!〉에서 켄 제닝스가 역사상 가장 긴 연속 우승 기록을 세우는 장면을 보고 있었다. 그 순간 이 개발자에게 한 가지 생각이 번뜩 떠올랐다. 1990년대 말 이미 체스를 정복한 IBM 슈퍼컴퓨터 딥 블루의 다음 도전 대상은 〈제퍼디!〉라는 생각이었다. 그로부터 7년 후, 딥 블루에서 왓슨으로 이름을 바꾼 IBM의 인공지능은 〈제퍼디!〉에서 켄 제닝스 및 다른 챔피언들을 이겼다. 우승하기 위해 왓슨은 2억 페이지 분량의 정보가 담긴 데이터베이스를 사용했다. 거기에는 **위키피디아**의 내용도 모두 포함돼 있었다. 2014년, IBM은 의료 분야 및 다른 여러 분야에서 폭넓게 사용할 수 있도록 왓슨을 다시 프로그래밍 하기 시작했다.

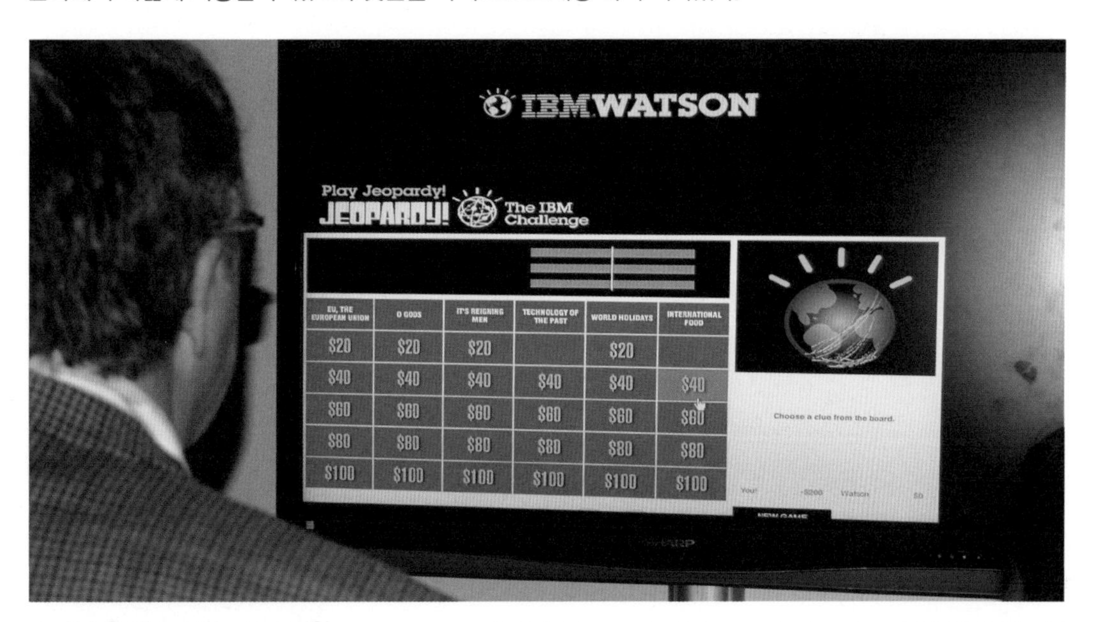

▲ **왓슨을 테스트하는 IBM 직원**

“ 앞으로 의료, 치안, 법률뿐만 아니라 다른 전문 분야들도 크게 바뀔 것이다. ”

이런 일이 가능해진 까닭은 인공지능의 비약적인 발전 덕이다. 21세기 초부터 인공지능 연구가 활발해지면서 과학자들은 자연어 처리 같은 주요 문제들을 해결했다. 이제 인공지능은 사람의 말을 알아들을 뿐만 아니라 스마트 기기까지 다룰 수 있다. 이 같은 발전에는 게임이 큰 역할을 했다. 게임 알고리즘은 **빅데이터** 처리에 응용된다. 빅데이터는 인터넷상에 존재하는 엄청난 양의 정보를 일컫는다. 이제 인공지능의 발전으로 미래 세상은 어떤 모습이 될지 사례를 몇 가지 알아보자. 알아서 요리하는 부엌? 범죄와 싸우는 로봇? 어떤 인공지능이 나타나면 좋을까?

생각을 키우자!

인공지능은 21세기 들어 어떻게 지금처럼 발전할 수 있었을까?

탐·구·활·동

바둑 배우기

알파고는 바둑 규칙을 배운 뒤, 바둑 챔피언들의 경기를 보거나 자신을 상대로 수백만 번의 경기를 치루며 바둑 훈련을 했다. 바둑판을 만들어 알파고가 했던 과정을 그대로 따라해 보자. 초보자들은 대부분 9줄 바둑판으로 시작하므로 9줄 바둑판을 만들자!

1 > **판지 위에 한 변의 길이가 16cm인 정사각형을 그려라.** 정사각형 안에 2cm 간격으로 가로 세로 직선을 그어서 가로 9줄 세로 9줄인 격자판을 만들자. 가로와 세로에 사각형이 8개씩이어야 한다.

바둑을 배우자.

2 > **격자판 중앙을 작은 검은색 점으로 표시한다.** 또한, 격자판 테두리에서 두 번째 선들이 교차하는 네 곳에 점을 찍어 표시한다.

3 > **웹사이트에서 바둑 규칙을 배워 보자.** 유튜브 등에서 온라인으로 중계되는 게임들을 여러 번 보라. 유튜브를 이용하면 심지어 알파고와 알파고 제로가 서로를 상대로 경기하는 것도 볼 수 있다.

알파고 제로 vs. 알파고 마스터

4 > **혼자 해 보거나 같이 둘 사람을 찾아 몇 번 경기해 본다.** 바둑돌을 구할 수 없으면 동전이나 돌멩이 등 다른 작은 조각들을 사용하자. 경기하면서 배운 전략들을 기록해 두자. 통한 전략은? 통하지 않은 전략은? 실수도 꼼꼼히 기록하라.

알·아·봅·시·다·!

다른 사람들의 경기를 보며 무엇을 배울 수 있을까? 인공지능도 경기를 보며 사람과 같은 것을 배울까? 우리는 보고 배우는 것과 하며 배우는 것 중에서 어떤 것을 더 잘할까?

실제 바둑 경기의 바둑판 동영상

이것도 해 보자!

무엇을 배웠고, 어떻게 배웠는지 곰곰이 생각해 보자. 어떻게 하면 앞으로 실수하지 않을 수 있을까? 알파고는 어떻게 우리와 다르게 배웠을지 생각해 보자. 생각한 내용을 짧게 글로 써보거나 블로그에 올려 보자.

탐·구·활·동

뉴런 이해하기

인공 신경망은 뉴런이라 불리는 인간의 뇌세포를 본떠 만들어졌다. 뉴런은 **수상돌기**로 정보를 받아 처리하고 **축삭돌기**를 통해 다음 뉴런에 처리된 정보를 전달한다. 뉴런의 구조를 알아보자.

1 〉 **뉴런은 어떻게 생겼을까?** 인터넷이나 도서관에서 뉴런에 대한 정보와 뉴런의 실제 사진을 찾아보자. 사진 속 뉴런이 인간의 것인지도 반드시 확인해야 한다. 인간의 뉴런이 아니라면 적어도 포유류의 뉴런이어야 한다. 의과 대학교 홈페이지에는 도움받을 만한 정보가 있을 수 있다.

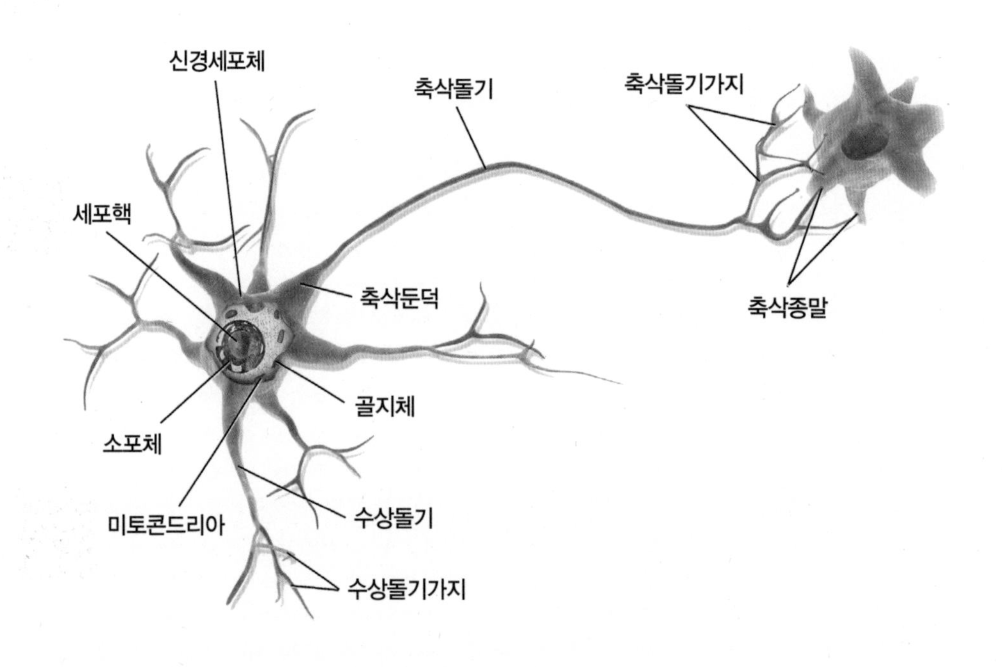

2 〉 **사진을 참고해 뉴런의 모델을 만들어 보자.** 그리고 뉴런을 구성하는 부분마다 이름을 달아 주자. 뉴런의 각 부분은 어떤 일을 할까? 또, 뉴런 안에서 정보는 어떻게 이동할까?

3 〉 **뉴런 모델 하나를 완성했다면 몇 개 더 그려서 신경망을 만들자.** 그다음, 신경망 그림을 사진으로 찍어 SNS에 올리고, 신경망에서 정보가 어떻게 흘러가는지 상세한 설명을 덧붙여 보자.

탐·구·활·동

뉴런에서 신호 보내기!

뉴런은 전기적 · 화학적 신호로 한 뉴런에서 다른 뉴런으로 정보를 전달한다. 신경망도 똑같은 일을 하지만, 전기적 · 화학적 신호 대신 수를 주고받는다! 정보가 눈에 있는 뉴런에서 뇌로 흘러가는 매우 단순한 모델을 만들어 보자.

1 > **빨대 하나를 여러 조각으로 잘라라.** 이 실험에서는 빨대 조각이 3개면 충분하지만 나중에 연결망을 확장하려면 더 많이 필요할 수도 있다. 빨대 조각은 뉴런이 보내는 신호의 역할을 할 것이다.

2 > **두꺼운 판지를 준비해서 그 위에 크게 Y 자 모양을 그리자.** Y 자를 이루는 선들의 끝과 그 선들이 만나는 곳에 압정을 꽂고, Y 자 꼭대기의 두 압정에는 A라고 표시하자. 두 A는 눈에 위치한 뉴런이다. 중간 압정에는 B, 아래 압정에는 C라고 표시한다. A와 B를 연결할 줄 2개와 B와 C를 연결할 줄 1개를 자른 다음, 모든 줄에 빨대 조각을 1개씩 꿰어 놓아라.

3 > **줄로 A와 B를 연결하고, B와 C를 연결한다.** 빨대 조각이 잘 움직이도록 줄을 팽팽하게 매자. 그러고 나서 A와 B 사이에 있는 2개의 빨대 조각은 A로 옮기고, B와 C 사이에 있는 것은 B로 옮긴다. 뉴런을 연결해 소형 연결망을 만들었다!

4 > **뉴런들이 신호를 보낼 만한 몇 가지 규칙을 만들어 보자.** 이를테면, A 뉴런들은 짝수를 보면 신호를 보낸다. B 뉴런은 2개 이상의 신호를 받으면 신호를 보낸다. C 뉴런은 신호 1개를 받으면, 뇌에게 "어이, 우리는 짝수를 봤어!"라고 알린다.

5 > **주사위를 2개 던져라!** 한 주사위에서만 짝수가 나왔다면, A의 신호 빨대 1개를 B로 보낸다. 두 주사위 모두 짝수가 나왔다면, 신호 2개를 B로 보낸다. 그리고 만일 B 뉴런이 신호를 2개 받았다면, B 뉴런은 C로 신호를 발사한다.

이것도 해 보자!

소형 연결망을 좀 더 복잡하게 만들어 보자! A 뉴런, B 뉴런을 추가하고, 빨대 조각을 끼운 줄로 연결한다. 이때 A는 B와 연결하고, B는 C와 연결해, 모든 신호가 C까지 전달돼야 한다. 뉴런이 신호를 보내는 규칙을 바꿀 수도 있다. 그럴 경우 신호의 흐름은 어떻게 달라질까?

탐·구·활·동

퍼셉트론

1957년, 코넬 대학교의 **프랭크 로젠블랫**(1928~1971)은 퍼셉트론이라는 단순한 신경망을 고안했다. 퍼셉트론의 모델은 입력값 여러 개, 은닉층 1개, 출력값 1개로 구성된다. 퍼셉트론은 뉴런을 본떠 만들어졌는데 수학적으로 작동한다는 사실만 다를 뿐 뉴런과 같은 방식으로 작동한다.

퍼셉트론은 입력값(X)을 받아 '프로세서'라고도 불리는 은닉층에서 받아들인 숫자를 더한 뒤 함수를 적용해 하나의 수(Y)로 결과를 내보낸다. 이때 '음수인가?' 또는 '어떤 값보다 큰가?' 같은 질문이 함수가 될 수 있다. 퍼셉트론은 질문에 답할 수 있지만, 이 사실이 바로 지능이 있음을 의미하지는 않는다.

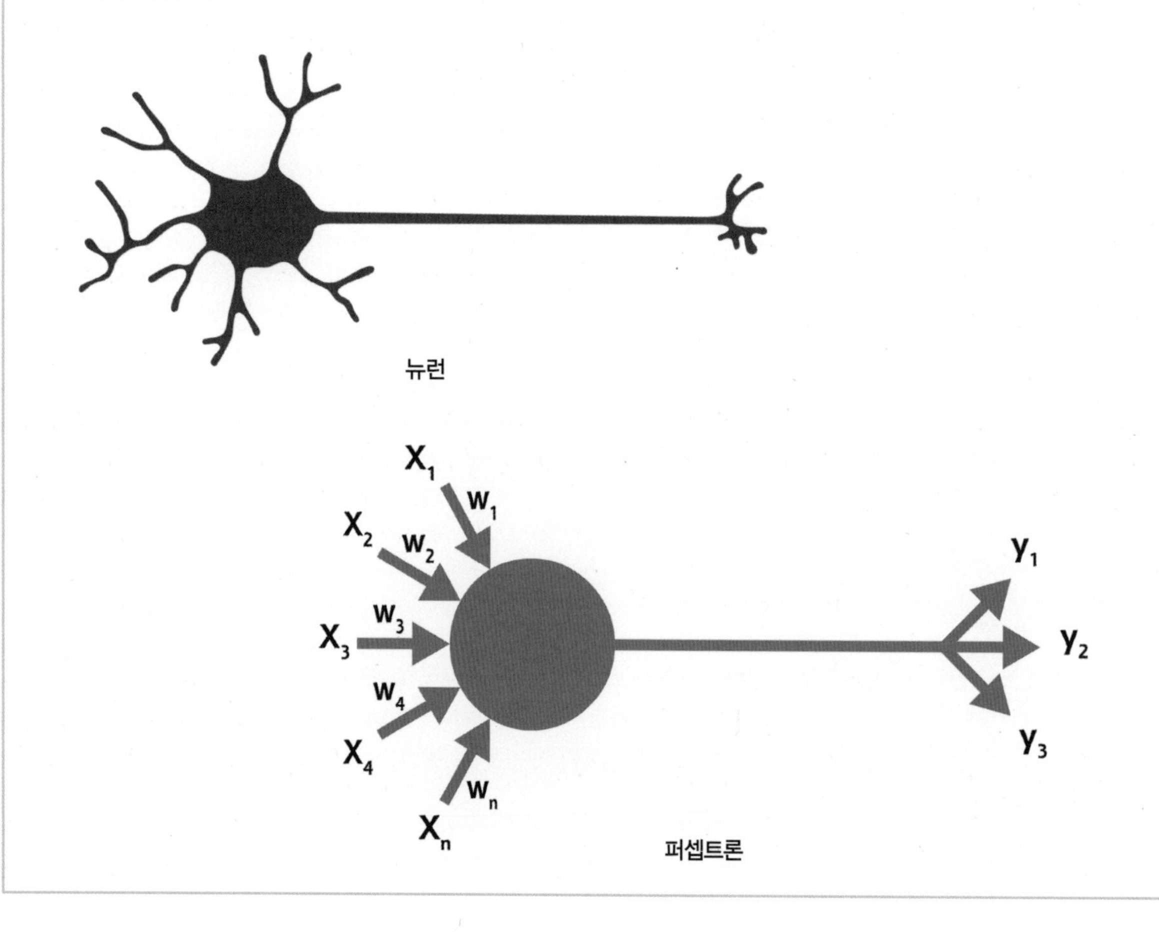

뉴런

퍼셉트론

퍼셉트론은 다른 모든 신경망과 마찬가지로 입력값마다 가중치를 주는데, 가중치는 대개 −1과 1 사이의 값이다. 은닉층인 프로세서는 가중치를 보고 어떤 입력값이 다른 입력값보다 더 적합하다고 판단한다. 만일 퍼셉트론이 고양이 인식하기를 배우고 있다면 고양이와 관련된 입력의 가중치는 90%, 그렇지 않은 입력의 가중치는 40%일 수 있다.

1 > 아래 숫자들로 계산해 보자.

$X_1 = 12$ $W_1 = 1$

$X_2 = 4$ $W_2 = ½$

2 > 위 숫자들을 입력과 가중치 기호에 맞춰 대입해 보라! 이때 입력값은 2개만 사용한다.

① 첫 번째 입력값(X_1)에 그것의 가중치(W_1)를 곱한다.

$12 \times 1 = 12$

② 두 번째 입력값(X_2)에 그것의 가중치(W_2)를 곱한다.

$4 \times ½ = 2$

③ 1과 2에서 계산한 두 값을 더한다.

$12 + 2 = 14$

3 > 3에서 나온 값이 출력값(Y)이 된다. 따라서 출력값(Y)은 14다.

이것도 해 보자!

입력값과 가중치를 다양하게 바꿔 보자. 가중치로 −1과 1 사이에서 임의의 값을 선택한다. 가중치가 출력값에 어떤 영향을 주는지 생각해 보자. 조금 더 도전해 보고 싶다면 입력값을 늘려 보자!

탐·구·활·동

신경망 모델 만들기

신경망은 일련의 연결들로 이루어져 있다. 신경망이 정보를 어떻게 다루는지 신경망 모델을 만들어 알아보자.

1> **판지 왼쪽에 압정 3개를 세로로 줄지어 꽂아라.** 압정 하나하나는 입력값이며, 모인 압정 3개는 입력층이다.

2> **판지 중간에 압정 4개를 세로로 줄지어 꽂아라.** 이것들은 은닉층이다. 나중에 압정을 더 꽂을 수 있도록 옆에 공간을 넉넉히 남겨 둔다.

3> **판지 오른쪽에 압정 2개를 세로로 줄지어 꽂아라.** 입력층과 마찬가지로 압정 2개는 각각 출력값이며, 모인 2개는 출력층이다.

4> **입력층에 있는 각 압정을 은닉층 모든 압정과 줄로 연결하자.** 입력층에 있는 각각의 압정에서 4개씩 줄이 나와 은닉층 압정과 연결돼야 한다.

5> **은닉층에 있는 각 압정을 출력층 모든 압정들과 줄로 연결하라.** 은닉층에 있는 각각의 압정에서 2개씩의 줄이 나와 출력층 압정과 연결돼야 한다. 이제 단순한 신경망 모델이 완성됐다!

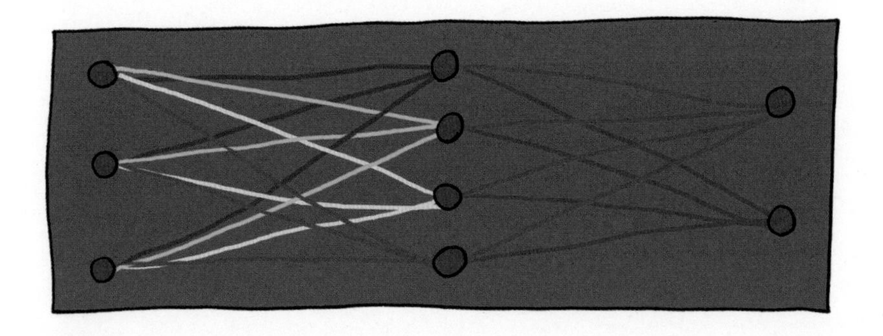

이것도 해 보자!

좀 더 복잡한 신경망을 만들어 보자. 은닉층에 압정을 몇 개 더 꽂고 줄로 연결하면 된다. 이러면 정보의 흐름에 어떤 영향이 있을까?

탐·구·활·동

패턴 인식

사물이나 숫자 인식이 가능하도록 신경망을 훈련시킬 때, 실제로 신경망이 배우는 것은 패턴 찾기다. 인간도 같은 방식으로 사물을 인식한다. 예를 들면, 활자로 찍혔든 손으로 쓰였든 스프레이로 그려졌든 돌에 새겨졌든 상관없이 우리는 숫자 9를 알아본다. 서로 많이 달라 보이더라도 우리 뇌는 패턴을 찾는다. 위에 고리처럼 생긴 것과 오른쪽에 있는 곧은 선을 보고, 별다른 고민 없이도 곧바로 9라는 것을 바로 알아차린다. 그러나 컴퓨터에게 이 일은 쉽지 않다. 그러므로 컴퓨터에게 물체 인식 방법을 가르치려면 훈련용 데이터가 많이 필요하다.

1 > **신경망 훈련에 필요한 그림과 사진을 모아서 어떤 패턴으로 분류할지 고민해 보자.** 일시 정지 표지판이나 야구공 같은 비교적 단순한 물건부터 시작하는 것이 좋다.

2 > **인터넷이나 잡지에서 표지판이나 야구공 같은 단순한 사물의 그림이나 사진들을 잔뜩 모아 보라.** 사진들은 서로 매우 다를 수 있다. 예를 들어, 똑같은 야구공의 이미지더라도 어떤 것은 그림이고 또 다른 것은 흑백 사진일 수 있다. 표지판의 경우에는 글자들의 언어가 다를 수 있다.

3 > **우리가 그 물건을 볼 때 어떻게 알아보는지 생각해 보자.** 패턴을 찾나? 패턴이 있다면 어떤 패턴인가? 일시 정지 표지판을 예로 들면 대개 빨간색이고, 팔각형이고, '정지'란 글씨가 쓰여 있다. 선택한 물건의 패턴들로 점검표를 만들자.

4 > **사진을 하나씩 보며 점검표에 있는 항목과 맞는 패턴이 있으면 그 항목에 표시하자.** 점검표의 모든 항목과 맞지 않지만, 여전히 일시 정지 표지판인지 알아볼 수 있는 사진이 있는가? 있다면 그 이유는? 어느 정도 확신하는가? 예를 들어, 사진 속 일시 정지 표지판이 스페인어로 쓰여 있다면, 그 단어가 '정지'라는 뜻임을 90% 정도 확신할 수 있다.

이것도 해 보자!

좀 더 복잡한 물체도 찾아보자. 그 물체에서는 어떤 패턴을 찾을 수 있나?

3장 중요 단어와 인물

51쪽 **로봇(robot):** 주어진 일을 자동으로 처리하는 기계. 자동차 생산 같은 기계 가공 공업에서는 사람의 팔이 하는 작업을 한 번만 가르쳐 주면 몇 시간이든 같은 동작을 반복하는 산업 로봇이 이미 많이 가동 중이다.

52쪽 **휴머노이드(humanoid):** 인간을 닮은 로봇. 머리, 몸통, 팔, 다리 등 인간과 신체 구조가 유사한 로봇을 가리키는 말로 인간의 행동을 가장 잘 모방할 수 있는 로봇이다. 인간형 로봇이라고도 한다.

52쪽 **다르파(DARPA, The Defense Advanced Research Projects Agency):** 정식 명칭은 방위 고등 연구 계획국. 미국 국방부 소속으로 새로운 기술을 군사용으로 연구하고 개발하는 기관이다.

52쪽 **사회 지능(social intelligence):** 사회적 관계에서 남들과 잘 어울릴 뿐만 아니라 적절하게 행동하는 능력.

52쪽 **소셜 로봇(social robot):** 언어, 몸짓 등 사회적 행동으로 사람과 교감하고 상호 작용하는 자율 로봇. 소셜 로봇 개발에는 인공지능, 빅데이터, 사물 인터넷 등 다양한 기술이 필요하다.

52쪽 **사회적 신호(social cue):** 인간이 언어, 표정, 몸짓, 자세 등으로 상대방에게 전달하는 뜻, 의도, 선호도, 친밀감 등의 표현.

54쪽 **엘리큐(ELLI–Q):** 노인들을 위해 만들어진 생활 보조용 인공지능 로봇. 사용자에게 최적화되어 약 먹을 시간을 알려 주거나 TV를 너무 많이 봤다 싶으면 산책을 제안하거나 한다.

55쪽 **핸슨 로보틱스(Hanson Robotics):** 홍콩 기반의 휴머노이드 로봇 전문 개발 기업. 오드리 헵번을 모델로 한 휴머노이드 로봇 소피아로 유명해졌다.

56쪽 **지라프플러스(GiraffPlus):** 디스플레이와 확성기가 장착된 노인 또는 환자 돌봄용 인공지능 로봇. 원거리 제어가 가능하다. 인간 도우미는 시스템 기록 정보를 기반으로 노인 또는 환자를 돌볼 수 있다.

56쪽 **활력 징후(vital signs):** 체온, 혈압, 호흡, 맥박 등 살아 있는지, 건강한지 알아보려 측정되는 생물의 주요 신체 기능. 환자를 진찰할 때 기본적으로 관찰하는 항목이다.

56쪽 **로베어(ROBEAR):** 일본에서 개발된 간병 도우미 로봇. 곰 모양의 이 로봇은 움직임이 불편한 환자를 두 팔로 안아 올려 침대나 욕실로 옮겨 준다.

58쪽 **웨이모(Waymo):** 구글 소속 자율 주행 자동차 기업.

58쪽 **우버(Uber):** 스마트폰 앱으로 승객과 차량을 이어 주는 서비스 제공 기업. 한국의 '카카오택시'도 우버를 본딴 서비스다.

59쪽 **반자동식(semi–autonomous):** 기계 장치에서 절반 또는 부분적으로 자동인.

59쪽 **레이더(radar):** 전파로 물체를 탐지하고, 거리와 방향 등을 측정하는 장치.

59쪽 **라이더(lidar):** 레이저로 물체를 탐지하고, 거리와 방향 등을 측정하는 장치.

59쪽 **기간 시설(infrastructure):** 건물, 도로, 발전소, 통신 시설 등과 같이 사람들이 생활하고 기업이 생산 활동을 하는데 필요한 기본 시설.

61쪽 **GPS(Global Positioning System):** 지구 어디서든 시간과 날씨에 상관없이 위치, 이동 속도, 시간 등을 알려 주는 위치 확인 시스템.

61쪽 **가상 현실(virtual reality):** 현실이 아닌데도 실제처럼 생각하고 보이게끔 만드는 기술.

미래의 인공지능

"안녕, 네 시리얼 넘버는 무엇이니? 오늘부터 우리는 친구야!" 인공지능이 지금보다 더 발전하면 우리는 이렇게 로봇과 대화하고, 우정을 쌓을 수 있을지도 모른다. 자율 주행 자동차와 수다 떨며 소풍을 떠난다고 상상해 보라. 이 밖에도 인공지능 로봇들은 거동 불편한 노인들을 돕고, 지진이나 홍수 같은 재난에서 우리를 구해 줄 것이다. 지구 온난화나 미세 먼지처럼 전 세계에 영향을 미치는 복잡한 기후 문제들도 해결해 주지 않을까? 어쩌면 인공지능이 문학이나 그림 같은 예술 작품을 창조할 수도 있다.

이런 미래는 우리 앞에 언제쯤 펼쳐질까? 좁은 의미로는 이미 우리 곁에 와 있다. 알파고는 바둑처럼 어려운 게임에서 인간을 이기고, 왓슨은 의료처럼 전문적인 분야를 바꾸고 있으니까. 많은 과학자가 다른 여러 분야에서도 열심히 인공지능을 개발 중이다. 이를테면, 인공지능 **로봇** 같은 분야 말이다!

생각을 키우자!

인공지능으로 인해 미래 인간의 삶이 좋아질 수 있을까?

휴머노이드

알·고·있·나·요·?

로봇들은 개최지가 대한민국 평창이었던 2018년 동계 올림픽에서도 한몫했다. 로봇 80대가 방문객을 맞고, 거리를 청소하고, 벽화를 그리고, 스키도 탔다!

21세기에 들어 로봇 공학 열풍이 불고 있지만 자연스럽게 움직이면서 대화도 가능한 마치 사람 같은 기계를 만들려면 여전히 갈 길이 멀다. 초기 인공지능 과학자들은 걷기, 잡기 같은 동작들을 지능적 활동이라고 생각하지 않았다. 하지만 인간처럼 보이는 로봇 만들기에는 걷기, 잡기 같은 움직임이 핵심 기능이었다. 그중에서도 걷기, 특히 두 발로 걷기는 해결하기 매우 어려운 도전 과제였다. 이 사실을 깨달은 로봇 기술자들은 지난 10여 년 동안 걷기 및 다른 동작들을 빠르게 발전시키고 있다.

인류가 사람과 닮은 로봇을 만들려 하는 가장 큰 이유는 **휴머노이드** 로봇이 우리에게 여러 도움을 줄 수 있기 때문이다. 일례로, 2011년 쓰나미 때문에 일본 후쿠시마에서 원자력 발전소 사고가 일어난 후 미국 국방부에서 군사용 기술 개발을 맡은 **다르파**에서는 재난 지역에서 사람을 구하고 작업할 수 있는 휴머노이드 로봇의 개발을 로봇 과학자들에게 요구했다. 인간이 다가가기에는 많이 위험한 곳에도 로봇은 보다 안전하게 접근할 수 있기 때문이다. 로봇 기술자들은 **사회 지능**을 갖춘 **소셜 로봇**도 개발하고 있다. 사회 지능은 단순히 사람에게 반응하는 능력뿐만 아니라 얼굴 표정과 같은 **사회적 신호**를 알아차리거나 나타낼 수 있는 능력까지 포함한다. 그러므로 소셜 로봇이 개발되면, 이들은 인간이 화났는지 혹은 슬픈지 알 수 있으며, 최소한의 감정 표현도 가능하다.

> “사회 지능은 로봇이 사람과 어울려 일할 때 필요한 기술이다.
> 사람들은 인간과 더 잘 어울릴 수 있는 로봇과 함께 일하는 것을 더 편안하게 느낄 것이다.”

파로를 소개합니다!

하얀 새끼 바다표범 인형을 닮은 파로는 사실 심리 치료 로봇이다. 일본 AIST 연구소가 만들었고, ‘세계에서 가장 치료를 잘하는 로봇’으로 기네스북에 등재되었다. 파로의 치료 효과는 여러 연구 결과가 입증한다. 예를 들어, 파로는 치매 노인들을 진정시킬 뿐만 아니라 주의도 집중하게 만든다. 파로는 2003년부터 유럽과 일본에서 사용되고 있다.

사실 몇몇 소셜 로봇은 이미 제품으로 팔리고 있다. 감정을 읽는 로봇 페퍼는 기쁨, 슬픔, 분노 같은 감정을 알아차리고 상황에 맞춰 행동한다. 가령 앞에 슬퍼 보이는 사람이 있다면 위로를 건넨다. 페퍼는 현재 일본의 여러 은행과 회사에서 고객을 맞는 중이다. 페퍼를 만든 회사에서는 페퍼보다 작은 또 다른 소셜 로봇, 나오도 만들었다. 주로 학교에서 활약 중인 나오는 2017년 기준으로 1만 개가 넘게 팔렸다. 자폐증이 있는 어린이들도 로봇의 질문에는 대답을 잘한다! 나오는 자폐증 어린이들이 의사소통하는 방식을 배우는 데 큰 도움이 되고 있다.

알·아·봅·시·다·!

왜 학교에 소셜 로봇이 필요할까?

불쾌한 골짜기

소셜 로봇이든 다른 로봇이든 로봇의 겉모습 디자인은 매우 까다롭다. 로봇이 너무 귀여우면 사람들이 장난감으로 여기며 진지하게 대하지 않고, 사람과 비슷하지만 어설프게 닮으면 대체로 섬뜩하다고 느끼기 때문이다. 인간과의 유사성에 따른 로봇 디자인의 호감도를 그래프를 보면, 유사성이 증가할수록 그래프가 점점 증가하다 100%에 상당히 가까웠을 때 갑자기 뚝 떨어진다. 이후 다시 급격히 증가해서 그래프에 깊은 골짜기 모양이 생기는데, 우리는 이 부분을 '불쾌한 골짜기'라고 부른다. 많은 로봇 디자이너가 불쾌한 골짜기 현상을 피하려 인간과 닮은 만화 캐릭터처럼 휴머노이드를 만든다. 참고로, 아래 로봇은 소셜 로봇인 페퍼다.

사진 제공: Collision Conf (CC BY 2.0)

세 현명한 로봇

2015년, 렌셀러 폴리테크닉 대학교 과학자들은 로봇 나오에게 자각 능력, 즉 자신에 대해 깨닫는 능력이 있는지 실험해 보았다. 실험 아이디어는 '왕의 현명한 신하들'이라는 예부터 전해 내려오던 논리 퍼즐에서 얻었다. 과학자들은 로봇 3대를 준비하고 그중 2대의 말하기 기능을 껐다. 그다음, 로봇들에게 말을 못하게 만드는 알약과 아무 일도 일어나지 않는 알약 둘 중 하나를 줬는데 어떤 알약을 받았는지 알겠냐고 물었다 모든 로봇은 몇 초간 아무 말이 없었다. 그러다 한 로봇이 일어서며 "모른다"고 말했다. 이 로봇은 잠시 가만히 있다가 "미안하지만 이제 안다"고 다시 말했다. 잠깐 사이에 자신이 어떤 알약을 받았는지 깨달은 것이다.
이제 원래 '왕의 현명한 신하들' 퍼즐을 잘 읽고 풀어보라. 이 퍼즐은 논리적 추론을 이용해 푸는 퍼즐이다. 왕은 나라에서 가장 현명한 세 남자를 자신의 성으로 불러들였다. 그중 한 명을 자신에게 조언하는 신하로 뽑을 생각이었는데, 테스트를 통과해야 했다. 왕은 세 남자의 머리에 모자를 하나씩 씌웠다. 그들은 다른 두 명의 모자는 볼 수 있지만, 자기 모자는 볼 수 없었다. 왕은 그들에게 세 가지를 말했다. 첫째, 모든 모자는 파란색이거나 흰색이다. 둘째, 적어도 한 명은 파란 모자를 쓰고 있다. 셋째, 테스트는 모두에게 공평하다. 그들은 서로 이야기를 주고받을 수 없었다. 그러고 나서 왕은 가장 먼저 일어나서 자신이 쓴 모자 색깔을 맞추는 사람을 새로운 조언자로 삼을 것이라고 선언했다. 시간이 한참 지나서 마침내 한 남자가 일어나서 자신이 파란 모자를 쓰고 있다고 말했다.

PS
나오 실험 동영상을 살펴보자.
자각 능력 있는 로봇 나오

소셜 로봇은 앞으로 노인 복지 분야에서 가장 많이 쓰일 것이다. 미국에서만 매일 만 명도 넘는 사람이 65세가 되지만, 전문적인 노인 돌봄 서비스 인력은 부족해지고 있기 때문이다. 게다가 오늘날 노인들은 대개 자녀들과 멀리 떨어진 곳에 산다.

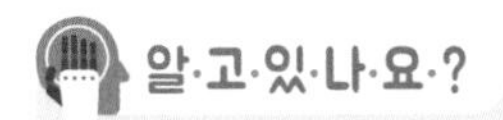

빠른 노령화는 우리나라도 미국, 일본과 다르지 않다. 이 같은 현상은 출산율 하락으로 인해 더욱 가속화되고 있다.

미국뿐만 아니라 다른 나라들에도 노인을 보살펴야 하는 문제가 있다. 일본 인구는 미국보다 더 빠르게 노령화하고 있다. 2025년까지 일본 인구의 30%가 노년층에 속하는데, 돌봄이는 필요한 수의 절반밖에 없을 것으로 예상된다. 이에 많은 로봇 과학자는 함께 지내며 노인을 돌볼 로봇을 만들고 있다. 일본 정부 또한 돌봄이 로봇 연구를 지원하기 위해 2013년 수백억 원의 예산을 마련했다.

이런 로봇은 집안일을 돕거나 노인을 온전히 맡아 돌보는 등 다양한 서비스를 할 수 있다. 예를 들어, **엘리큐**는 알렉사나 시리 같은 음성 비서지만, 특별히 집에서 노인을 돕도록 설계됐다. 엘리큐는 주인에게 약 먹기, 식사, 운동 등등을 챙겨 준다. 엘리큐 같은 로봇 비서의 도움을 받으면 노인들은 자신의 집에서 좀 더 오랫 동안 별다른 도움 없이 지낼 수 있다.

최초 로봇 시민

2017년 10월 25일, **핸슨 로보틱스**가 만든 소셜 로봇, 소피아는 사우디아라비아의 시민이 되었다. 소피아는 국가로부터 시민권을 받은 최초이자 유일한 로봇이다. 소피아는 영화배우 오드리 헵번을 모델 삼아 사람 크기로 만들어졌는데, 감정 표현이 가능하고, 상대방의 기분도 파악한다.

사진 제공: ITU Pictures from Geneva, Switzerland (CC BY 2.0)

사우디아라비아에서 열린 '미래 투자 회의'라는 국제회의에서 소피아가 인터뷰하는 동영상이다. 소피아는 인간과 어떻게 다른가? 왜 어떤 사람들은 로봇이 감정을 표현하기를 원할까? 감정 표현 능력은 로봇의 쓸모를 어떻게 바꿀까?

CNBC 소피아 인터뷰

스웨덴의 **지라프플러스** 로봇은 엘리큐와 비슷한 일을 한다. 이 로봇은 청소기를 돌리고 **활력 징후**를 측정하고 의사와의 영상통화 기능도 제공한다. 일본의 **로베어**는 침대에 누워 있는 환자를 들어 휠체어에 앉히도록 설계된 로봇으로 환자의 산책도 돕는다. 어떤 과학자들은 약을 짓는 로봇도 만들고 있다.

자율 주행 자동차

스스로 달리는 자동차는 SF에 자주 등장한다. 미래가 배경인 이야기에서 사람들은 자동차를 자신이 있는 곳으로 부르고, 좌석에 올라타 목적지를 말한다. 그러면 자동차는 사람들을 태우고 목적지로 쌩하며 달린다. 차에 탄 사람들은 풍경이 스쳐 지나가는 동안 책을 읽거나 이야기를 나눈다. 이런 세상은 아주 먼 미래에나 올까? 아니면 이제 그리 멀지 않을까?

솔직히 2000년대 초반까지만 하더라도 자율 주행 자동차의 개발 성적은 초라한 편이었다. 2004년 다르파에서 실용적인 자율 주행 자동차 경진대회를 처음 개최했는데, 2004년에 열린 첫 대회에서 출발 지점과 도착 지점이 이어진 폐쇄형 코스를 완주한 자동차가 1대도 없었던 것이다. 다행히 이후 대회부터는 훨씬 더 어려워진 코스에도 불구하고 경기 결과가 나아졌다. 2005년에는 좁고 꼬불꼬불한 코스가, 2007년에는 사용되지 않는 군사 기지 안에서 도심 도로 같은 코스가 제시됐는데 말이다.

다르파 자율 주행 자동차 대회의 여러 우승팀 중 한 팀의 기술자가 훗날 구글 연구 팀의 팀원이 되었다. 이후 구글 연구 팀은 실용적인 첫 번째 자율 주행 자동차를 만들었다.

▲ 2005년, 다르파가 후원한 그랜드 챌린지에 참가한 자율 주행 자동차.

▲ 초기 자율주행 자동차 사진 제공: Travis Wise (CC BY 2.0)

오늘날에는 몇몇 지역의 도로 위에서 자율 주행 자동차가 달리는 모습을 직접 볼 수 있다. 예를 들어, 미국 애리조나 주 피닉스에서는 출퇴근 시 자율 주행 자동차 개발 회사 **웨이모**의 탑승 시범 프로그램에 참여할 수 있다. 애리조나 주의 또 다른 지역 템페와 펜실베이니아 주 피츠버그에서는 **우버** 이용으로 자율 주행 자동차를 타 볼 수 있다. 자동차 공유 서비스 제공 회사 우버가 자동차 회사 볼보와 협력해 자율 주행 자동차 몇 대를 만든 덕분이다. 그렇지만 문제 발생 시 대신 대처할 수 있도록 운전석에 운전자가 타고 있다.

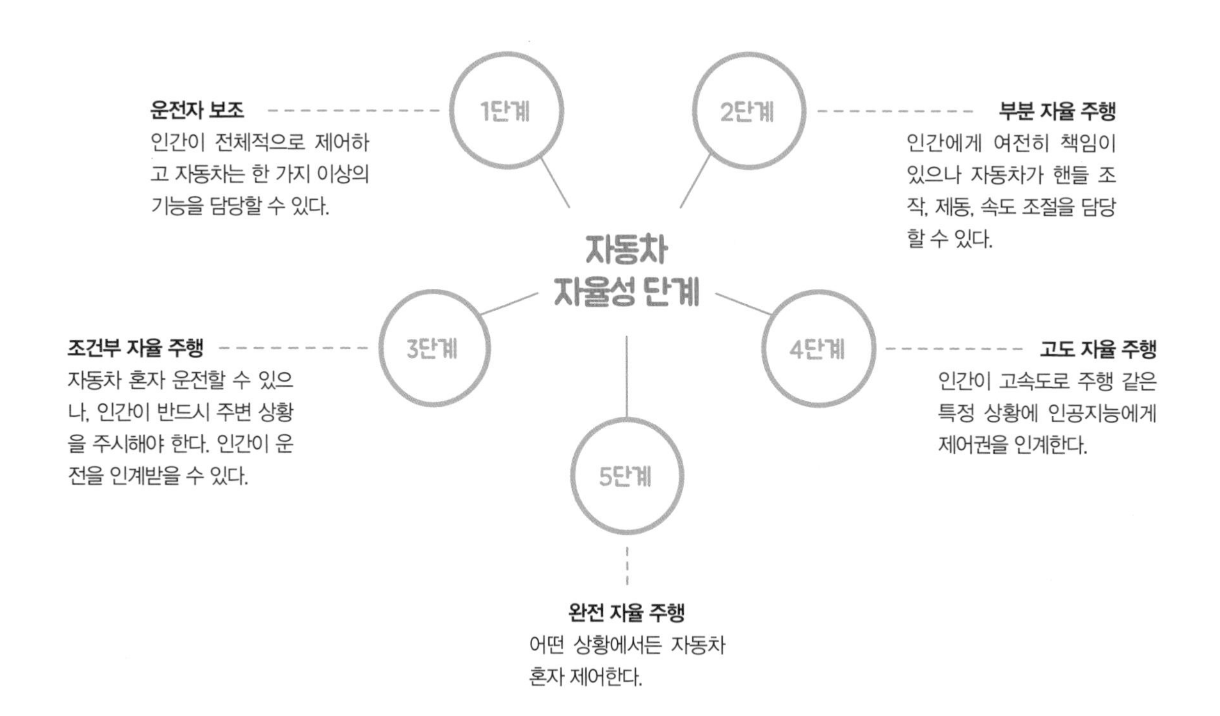

자동차 자율성 단계
1단계
운전자 보조
인간이 전체적으로 제어하고 자동차는 한 가지 이상의 기능을 담당할 수 있다.
2단계
부분 자율 주행
인간에게 여전히 책임이 있으나 자동차가 핸들 조작, 제동, 속도 조절을 담당할 수 있다.
3단계
조건부 자율 주행
자동차 혼자 운전할 수 있으나, 인간이 반드시 주변 상황을 주시해야 한다. 인간이 운전을 인계받을 수 있다.
4단계
고도 자율 주행
인간이 고속도로 주행 같은 특정 상황에 인공지능에게 제어권을 인계한다.
5단계
완전 자율 주행
어떤 상황에서든 자동차 혼자 제어한다.

"인공지능이 알아서 자동차를 운전하는 미래는 거의 우리 곁에 와 있다."

많은 자동차 회사가 새 차 개발과 함께 **반자동식** 안전장치를 계속 추가하고, 자율 주행 자동차도 직접 개발하고 있다. 하지만 아직 이 기술은 완전하지 않다. 전문가들은 온전한 자율 주행 자동차가 기술적으로는 85~90% 실현됐다고 말하지만 100%, 아니 96% 도달까지 앞으로 수년이 걸릴지, 수십 년이 걸릴지는 알 수 없다. 이유가 무엇일까? 풀기 어려운 문제들이 여전히 남아 있기 때문이다. 완전한 자율 주행을 위해 더 성능 좋은 센서와 지금보다 정확한 지도가 필요하다. 인공지능 소프트웨어도 더 좋아져야 한다. 한마디로, 현재의 기술만으로는 해결하기 힘든 문제가 여전히 잔뜩 쌓여 있다.

현재 자율 주행 자동차에는 자동차 꼭대기를 포함해 여기저기에 **레이더**와 **라이더** 같은 커다란 센서가 달려 있다. 레이더는 고주파의 전파로, 라이더는 레이저로 사물을 감지하는 기기다. 이런 센서들과 카메라 덕분에 자율 주행 자동차는 360° 주변 모두를 빠짐없이 살펴볼 수 있다. 도로는 물론 차선, 다른 자동차, 길을 지나가거나 자전거 타는 사람까지 말이다.

아직까지는 자율 주행 자동차가 가까운 주변 환경만 감지할 수 있지만, 미래에는 주변 자동차들에 더해 도로, 건물 같은 **기간 시설**과도 정보를 주고받아야만 한다. 기간 시설과 정보를 주고받는다면 교통 체증, 사고 지점, 얼어서 미끄러운 다리, 물에 잠긴 도로 등을 피해 다닐 수 있을 테니까. 몇몇 자동차 회사는 이런 정보

라이더는 자동차에만 쓰이는 기술이 아니다! 라이더는 1960년대에 구름 위치를 파악하기 위해 최초로 사용됐다. 1971년, 아폴로 15호 우주 비행사들도 달 표면을 측량하기 위해 라이더를 사용했다! 오늘날 지구상 여러 천문대는 서로 연계해서 라이더를 이용해 달까지 거리를 정확하게 측정한다. 라이더는 또한 날씨, 지도 제작, 고고학, 그리고 그 밖의 여러 분야에서도 사용된다.

자율 주행 트럭

자율 주행 자동차는 모든 언론의 관심을 받는다. 그런데 다임러, 테슬라, 구글, 우버 같은 회사는 자율 주행 트레일러 트럭도 조용히 개발해 왔다. 일례로 2015년, 다임러는 미국 네바다 주에서 운행 허가를 받아 최초의 자율 주행 영업용 트럭을 공개했다. 프레이트라이너 인스피레이션이란 이름의 이 트럭은 완전한 자율 주행 자동차가 아니다. 운전자가 운전석에 반드시 있어야 한다. 시내 도로에서는 운전자가 직접 운전해야 한다. 그러나 고속도로에서는 자율 주행 기능인 고속도로 주행을 켜서 자율 주행하도록 할 수 있다. 이 트럭은 적응형 순항 제어 장치와 더불어 레이더와 카메라 시스템을 갖추었다. 그러므로 자율 주행할 때 차선을 유지하고 다른 차와의 안전거리를 지킬 수 있다.

▲ GPS를 활용한 내비게이션은 길을 잘 알려 주지만, 언제나 완벽하게 맞지는 않는다.

자율 주행 교통사고

자율 주행 자동차들에게도 몇 번의 교통사고가 있었다. 2016년, 자동차 회사 테슬라의 자율 주행 프로그램 오토파일럿에 문제가 있었다. 달리는 자율 주행 자동차 앞에서 트럭이 좌회전했는데, 오토파일럿이 브레이크를 작동시키지 않아 자율 주행 자동차의 운전석에 앉아 있던 사람이 사망하는 사고였다. 2018년 3월에는 자율 주행하던 우버의 자동차가 애리조나 주에서 지나가던 사람을 치어 죽게 했다. 자율 주행 자동차가 사람을 치어 죽인 최초의 사망 사고였다. 이 사고는 운전자가 있음에도 일어났다. 반면, 구글의 자율 주행 자동차는 수년 동안 가벼운 접촉 사고가 많이 있었지만 자동차의 잘못은 단 한 번밖에 없었다. 2016년 구글 차가 매우 낮은 속도로 버스 옆면을 들이받은 사고였다.

를 주고받기 위해 이미 자동차에 무선 시스템을 장착하고 있다. 그래서 어떤 자동차는 현재도 스마트 신호등이 보내는 신호를 받을 수 있지만, 대부분의 기반 시설은 여전히 '스마트'하지 않다. 자동차가 아무리 스마트해도 기반 시설이 스마트하지 않으면 자율 주행 자동차의 역할도 미미해질 수밖에 없다. 그러니 자율 주행 자동차의 활성화를 위해 자동차 회사들뿐만 아니라 정부나 다른 기업들도 인공지능 연구에 관심을 가져야 한다.

GPS 정보를 지도에 표시하는 매핑 또한 발전이 필요하다. 요즘 자동차들은 대부분 GPS와 맵핑 시스템을 갖추고 있다. 그러나 GPS는 실제 위치와 약 2미터 정도 차이가 있을 수 있다. 친구 집 찾는 데는 이 정도 오차가 별문제 아니지만, 자율 주행 자동차가 꽉 막힌 도로나 좁고 꼬불꼬불한 산길을 따라 운전하려면 훨씬 더 정확한 위치 정보가 필요하다. 길이 있는 줄 알고 들어섰는데, 눈앞이 떡하니 벽이 나타나면 곤란하지 않겠는가? 이에 엔지니어들은 라이더와 레이더를 활용하며 자율 주행 자동차가 안전하게 운전할 수 있는 정밀한 지도를 만들려 노력하고 있다.

그러나 기술 발전이 가장 많이 필요한 부분은 역시 인공지능이다. 현재의 인공지능은 이제 막 운전을 배우기 시작한 단계다. 운전 경험이 충분하지 못해 돌발 상황에 제대로 대처하지 못할 가능성이 높다. 돌발 상황은 나무가 도로에 넘어져 있거나 하는 평생 한 번 볼까 말까한 상황일 수도 있지만, 차선에 잘못 들어선 다른 자동차가 정면으로 달려온다거나 무단 횡단하는 사람이 코앞에 있다거나 하는 종종 마주치는 상황일 수도 있다.

> " 자율 주행 자동차에 쓰이는 인공지능은 다른 자동차나 도로 또는 보행자 등을 감지할 수 있지만, 운전자의 행동은 이해하지 못한다. "

인간의 행동을 이해하지 못하는 인공지능은 갑작스러운 위기 상황에 어떻게 대처할까? 아직 그런 상황이 닥치지 않았으니 확신할 수는 없는 노릇이지만, 모르긴 몰라도 문제를 일으킬 확률이 높을 것이다. 그 문제가 어떤 종류일지, 어떻게 하면 자율 주행 자동차의 문제 발생과 사고를 막을 수 있을지 알 수 없기 때문에 지금 자율 주행 자동차 엔지니어들은 머신 러닝 기술로 자율 주행 자동차의 인공지능을 프로그래밍 하고 있다. 인공지능에게 수백만 킬로미터의 운전 경험을 쌓게 해서 다른 운전자의 행동을 이해하고 예측하도록 훈련시키는 중인 셈이다.

인공지능이 운전 경험을 쌓게 하는 이런 방법은 시간이 걸리기 때문에 자율 주행 자동차 회사들은 인공지능이 좀 더 많은 경험을 빠르게 쌓도록 여러 방법을 활용 중이다. 포드의 자율 주행 인공지능 '퓨전'을 테스트하는 자동차들은 정보를 공유하고, 테슬라는 인간 운전자의 데이터로 소프트웨어를 개선한다. 웨이모는 카크래프트라는 시뮬레이션으로 인공지능이 **가상 현실**에서 운전 경험을 쌓도록 한다.

웨이모의 카크래프트

인공지능 자동차에게 자율 주행을 가르치는 가장 기본적인 방법은 도로에서 실제로 운전을 시키는 것이지만, 또 다른 방법도 있다. 도로를 그대로 옮겨 놓은 가상 현실을 이용하는 것이다. 웨이모는 온라인 게임 워크래프트의 이름을 따서 카크래프트라는 이름의 시뮬레이션 환경을 개발했다.
카크래프트는 정확한 3D 지도를 이용해 도시와 시험 주행 경로를 그대로 가상 현실로 옮긴 것으로, 원래는 로터리와 같이 자율 주행 자동차가 만날 수 있는 낯선 환경을 재현해 주려 만들었다. 하지만 웨이모는 그곳에서 자율 주행 자동차의 운전 연습도 시킬 수 있다는 사실을 금세 깨달았다. 카크래프트에서는 많은 가상 자율 주행 자동차를 한 번에 훈련시킬 수도 있다. 지금도 카크래프트에서는 가상 자동차 25,000대가 끊임없이 자율 주행 연습 중이며 매일 수백만 킬로미터의 가상 운전 경험을 쌓고 있다.

하지만 현재 자율 주행 자동차가 뛰어넘어야 할 장애물이 기술 부족만은 아니다. 최근 여러 조사에 따르면, 미국인은 자율 주행 자동차에 대해 걱정이 크다. 심지어 공포를 느끼기도 한다. 미국 자동차 서비스 협회가 실시한 조사에서 운전자 4명 중 3명이 자율 주행 자동차에 탄다면 두려움을 느낄 것이라고 했다.

조사에 참여한 대다수 사람은 인공지능의 마음대로 자동차가 제어되는 것을 원치 않았다. 대부분 적어도 스스로 운전하길 원할 때면 언제든 통제권을 넘겨받고 싶어 했다. 아직은 많은 사람이 인공지능보다는 자기 운전 기술을 믿는다.

“ 자율 주행 자동차를 타면 기분이 어떨까? 기계에 운전을 맡기고 마음을 놓을 수 있을까? ”

어떤 사람들은 요즘 신차에서 제공되는 충돌 방지, 자동 주차, 자동 긴급 제동 장치 등의 반자동 자율 주행 기능조차 꺼려했다. 하지만 실제로 반자율 안전장치가 설치된 자동차를 사용해 본 사람은 자율 주행 자동차 기술에 신뢰감을 보였다. 이들은 다음 구매할 차에도 자율 주행 기능을 원할 것으로 예상됐다. 이런 사람들은 완전 자율 주행 자동차를 좀 더 수월하게 받아들일 것이다. 반자동 안전장치들은 미래의 완전 자율 주행 자동차로 가는 디딤돌이 될 테지만, 대중과 입법자들은 아직 더 많은 연구 결과를 기다리며 자율 주행 자동차를 받아들이려 하지 않는다.

알·아·봅·시·다·!

과연 우리 시대에 자율 주행 자동차를 탈 수 있을까? 탈 수 있다고, 또는 없다고 생각하는 이유는 무엇일까?

창의적 인공지능

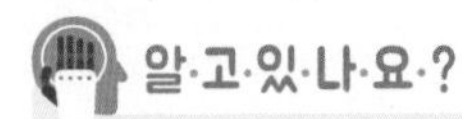
알·고·있·나·요·?

대한민국에서는 2018년 수집한 데이터와 자체 개발한 알고리즘으로 소설을 작성, 제출하는 형태의 '인공지능 소설 공모전'이 처음 열렸다.

지능이 있어야 가능한 일 가운데 최고 수준의 일은 창작일 것이다. 인공지능이 노래를 작곡하거나 소설을 쓸 수 있을까? 아마도 가능하리라. 몇몇 과학자는 이미 인공지능 알고리즘으로 영화 예고편, 그림, 노래 등을 포함한 여러 창의적 작품을 만들었다. 성공적인 경우도, 그렇지 않은 경우도 있었지만 말이다.

IBM의 왓슨은 인공지능을 소재로 한 《모건》이라는 'SF' 영화의 예고편을 만들었다. 2016년 미국에서 개봉한 영화 《모건》의 주인공은 과학자들의 연구로 탄생한 휴머노이드 '모건'이다. 지적 능력은 물론이고 육체적 능력까지 인간보다 뛰어난 모건은 분노 조절에 문제가 있어 연구를 후원하는 거대 기업의 평가에 따라 폐기될 운명에 처하지만, 사람들을 공격하고 연구실을 빠져나감으로써 자신이 처한 운명에서 벗어나려고 한다. 왓슨은 인공지능과 휴머노이드에 대한 사람들의 불안과 공포를 소재로 한, 《모건》과 주제나 소재가 비슷한 영화 수백편의 예고편을 분석했다. 그 뒤 분석 결과에 기초해 《모건》의 예고편을 만들어 냈다.

> "최종 예고편은 인간 편집자가 완성했지만, 인공지능 왓슨 덕분에 제작 시간을 크게 줄였다."

왓슨의 영화 예고편 편집은 충분한 데이터가 주어질 경우, 인공지능도 창작이 가능할 수 있다는 가능성을 보여 준 대표적인 사례다. 그리고 오늘날 창작을 시도한 인공지능이 왓슨만 있는 것도 아니다. IBM뿐만 아니라 여러 인공지능 기업에서 인공지능을 통한 창작을 시도하고 있다.

왓슨이 만든 영화 예고편

영화 《모건》의 예고편을 감상하고, 왓슨이 예고편 동영상 편집에 어떻게 기여했는지 알아보자.

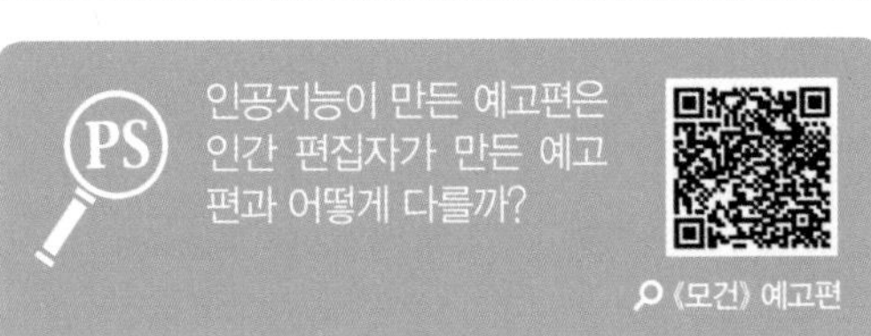
PS
인공지능이 만든 예고편은 인간 편집자가 만든 예고편과 어떻게 다를까?
《모건》 예고편

사무실을 배회하는 '방랑자 루푸스'다. 왼쪽은 본 모습 그대로이고, 오른쪽은 인공지능 프로그램의 손을 거쳐 탄생한 모습이다. 어떤 루푸스가 더 귀여운가?

인공지능과 이중주를

이 실험에서는 인공지능과 가상 이중주를 할 수 있다. 구글의 마젠타 프로젝트 프로그램을 이용하자. 피아노를 못 쳐도 된다. 건반만 몇 개 누르면 인공지능이 알아서 반응할 것이다.

마젠타 프로젝트에 대해 더 알아보자.

인공지능과 이중주 1

직접 연주해 볼 수 있다.

인공지능과 이중주 2

인공지능으로 창작을 시도하는 기업 중 가장 대표적인 기업은 아마 구글일 것이다. 구글은 2016년 시작한 마젠타 프로젝트로 인공지능의 창작 가능성을 시험하고 있다. 현재 마젠타는 머신 러닝을 이용해 작곡과 그림 그리기를 배우고 있다.

“ 마젠타는 예술 작품을 듣거나 보고나서 자신의 작품을 만들어 낸다. ”

지금 당장은 왓슨과 마젠타에게 제대로 된 예술 작품을 만들 능력이 없지만, 이 인공지능들이 인간의 창의적 작업을 도울 수 있을지 모른다. 인공지능 조수가 창의력 발휘에 도움이 될까? 아니면 오히려 방해가 될까? 인공지능 조수의 도움을 받으면 어떤 영향이 있을지 생각해 보자.

이제껏 살펴본 것들은 인공지능이 수년 안에 진출할 가능성이 있는 분야 중 몇 가지에 불과하다. 그 너머에 과연 어떤 미래가 있을지 정말 예측하기 어렵다! 엄청난 변화는 종종 예상하지 못한 곳에서 일어난다. 그리고 인공지능의 미래가 밝을지 혹은 어두울지에 대해서는 사람마다 생각이 다르다.

생각을 키우자!

인공지능으로 인해 미래 인간의 삶이 좋아질 수 있을까?

탐·구·활·동

불쾌한 골짜기 탐구

통계를 보면 사람들은 인간과 많이 닮았지만, 진짜처럼 보이지는 않는 로봇과 일하는 것을 꺼린다. 무슨 까닭인지 그런 상황이 이상하고 섬뜩하기 때문이다. 로봇의 생김새에 따라 사람들이 어떻게 반응하는지 살펴보는 실험을 해 보자.

1> **우선 미리 실험 결과를 예상해서 가설을 세워 보자.** 예를 들면 '사람들은 로봇이 사람과 비슷할수록 더 좋아한다'라는 가설을 세울 수 있다. 다음 실험 대상들에게 묻고 싶은 질문들을 생각해 보자. 그다음 실험 대상이 되어 줄 친구 5명을 찾아보자.

2> **인터넷이나 잡지 등에서 로봇의 사진을 찾아라.** 사람과 매우 비슷한 모습부터 만화 속 주인공 같은 귀여운 모습까지 다양한 로봇 사진이 필요하다. 불쾌한 골짜기로 떨어질 만한 소름 끼치는 사진도 최소한 하나는 있어야 한다. 실제 로봇 사진이어도 되고 영화, 텔레비전, 비디오 게임 등에 나오는 캐릭터 사진이어도 된다. 그중 알맞은 5장의 사진을 준비하자.

3> **공학자 공책에 실험할 때 던질 질문들을 쓰자.** 예를 들어, 같이 놀거나 일한다면 5개 로봇 중에서 어떤 로봇이 좋을지 물어볼 수 있다. 좋은 이유를 물어봐도 괜찮다. 각 로봇의 생김새가 어떤 느낌인지 질문할 수도 있다. 정해진 답은 없으니 자유롭게 질문을 준비하면 된다.

4> **친구들에게 사진을 보여 주고, 만들어 놓은 질문을 하자.** 미리 허락을 얻고, 사진을 봤을 때 어떻게 반응하는지 녹음이나 촬영해도 좋다.

5> **조사를 마쳤으면 데이터를 분석하자!** 어떤 사진이 가장 좋았는지, 선택한 이유는 무엇인지, 실험 결과가 사람들이 로봇을 보는 방식에 대해 무엇을 말한다고 생각하는지 이야기를 나눠 보자.

이것도 해 보자!

실험 결과를 요약하고, 결과를 잘 파악할 수 있도록 그래프도 그려 보자. 이 실험으로 어떤 결론을 얻을 수 있을까?

탐·구·활·동

불쾌한 골짜기 현상을 일으키는 가면 만들기

나를 닮은 3차원 로봇 얼굴을 만들어 보자. 최대한 실물과 가깝게 만들자. 얼마나 섬뜩한 느낌이 들도록 만들 수 있을까? 사람들은 그것을 보고 어떻게 반응할까?

1> **얼굴 사진을 찍어 인쇄하라.** 실제 얼굴 크기보다 약간 더 크게 인쇄해야 한다! 앞을 볼 수 있도록 사진에서 눈을 오려 내자.

2> **이 사진으로 가면을 만들 것이다.** 사진을 바닥에 깔고 공작용 점토로 얼굴 사진을 덮어라. 피부나 입술 등은 실제와 최대한 가까운 색의 점토를 사용한다. 사진이나 거울을 보면서 최대한 실제 얼굴과 비슷하게 만들자. 다음으로 알맞은 색 점토로 코, 입술, 눈썹, 광대뼈 등을 만든다. 머리카락은 만들지 않아도 된다.

3> **로봇 가면을 얼굴에 쓰고 거울을 보자.** 어떤 느낌인가? 로봇 가면이 얼굴과 매우 많이 닮았다면, 섬뜩한 느낌이 들 수도 있다! 만일 그렇다면, 불쾌한 골짜기 현상을 경험한 것이다.

4> **이목구비를 조금 고쳐 보자.** 만일 입술을 아주 크게 만들거나 코를 더 뾰족하게 만든다면 어떨까?

5> **좀 더 만화 속 캐릭터를 닮은 가면을 만들어 보자.** 예를 들어, 피부를 연녹색으로 만들거나 이목구비를 매우 단순하게 만들거나 할 수 있다. 만화 캐릭터 같은 얼굴의 로봇이라면 함께 일하거나 놀고 싶을까? 그렇다면 왜 그럴까?

이것도 해 보자!

이제 두 가면의 사진을 찍자. 친구나 가족들에게 보여 주고 어떤 사진이 더 보기 싫은지 선택시켜 보자. 두 사진의 다른 부분들에 캡션을 달고 부분별 불쾌한 느낌을 1~5로 평가해 보자. '매우 소름 끼친다'는 1, '매우 귀엽다'는 5이다.

탐·구·활·동

미래의 인공지능 밈을 만들자!

인공지능은 미래에 어떤 모습일까? 어떤 모습이면 좋을까? 미래의 인공지능 전문가로써 예상하고, 내 예상을 공유해 보자.

1 > **전문가들은 인공지능의 미래에 대해 어떻게 이야기하는지 조사해 보자.** 〈와이어드〉, 〈포브스〉, 〈MIT 테크놀로지 리뷰〉 같은 잡지는 인공지능의 미래를 예측하는 전문가들의 이야기를 자주 싣는다. 인터넷이나 도서관에서 그런 기사를 몇 개 찾아보자.

2 > **오늘날의 인공지능에서 어떤 분야의 연구가 활발한지 조사해 보자.** 몇 년 안에 그 분야들은 어떻게 될까? 이제 조사의 폭을 조금 좁히자. 예를 들면, 소셜 로봇의 미래는 어떨까? 자율 주행 자동차의 미래는? 건강 관리나 사이버 범죄 분야 인공지능의 미래는 어떨까?

3 > **예상 내용을 공학자 공책에 써 보자.** 예상마다 그렇게 생각하는 이유도 함께 쓰자.

4 > **이제 예상한 내용을 바탕으로 밈을 만들어 보자.** 밈은 온라인, 특히 소셜 미디어 등에서 여러 번 공유·변형되며 인기를 끄는 사진, 동영상, 유행어 등의 요소를 가리킨다. 예상과 가장 잘 어울리는 사진이나 그림을 찾아서 인공지능 관련 글귀를 써넣자.

이것도 해 보자!

만든 밈을 가족이나 친구들과 공유해 보자. 다른 사람들은 인공지능의 미래에 대한 내 예상에 동의할까? 동의하는 이유, 또는 동의하지 않는 이유는 무엇일까?

탐·구·활·동

현재의 자율 주행 자동차

오늘날 많은 자동차가 인공지능을 사용하거나 낮은 수준의 자율 주행 기능을 갖추고 있다. 예를 들어, 우리 집 자동차에도 이미 충돌 위험을 알려 주거나 자동으로 주차하는 기능이 들어 있을지 모른다. 우리는 대체 언제쯤 완전 자율 주행 자동차를 만나볼 수 있을까? 관련 자료를 찾아 조사해 보자! 좋은 출발점은 자율 주행 자동차에 대한 소비자 보고서를 읽는 것이다.

1 > **완전 자율 주행 자동차를 만드는 회사를 조사해 보자.** 예를 들면 2018년 현재, 테슬라와 웨이모가 자율 주행 자동차를 생산한다. 그 밖의 다른 회사는? 주요 자동차 회사도 자율 주행 자동차를 개발하고 있나? 사람들이 자율 주행 자동차를 선택하지 않거나 못하는 이유는 무엇인가? 예를 들면, 자율 주행 자동차는 모든 지역에서 합법적인가?

자율 주행 자동차에 대한 소비자 보고서

2 > **새로 나오는 자동차들의 기능 중 인공지능이 필요한 기능은 무엇일까?** 예를 들어, 자동 평행 주차 기능에는 인공지능이 필요하다. 이런 기능들을 목록으로 만들고, 어떤 자동차에 이런 기능이 있는지 알아보자.

3 > **데이터를 보기 쉽게 도표나 그래프로 그려 보자.** 예를 들면, (자동차 회사 수 + 1) x (기능 수 +1) 크기의 표를 만들어 왼쪽 끝줄 두 번째 칸부터 세로로 자동차 회사들을 나열하고, 맨 윗줄 두 번째 칸부터 가로로 기능들을 나열한다. '완전 자율 주행'도 하나의 기능으로 포함하자. 그리고 회사별로 자동차에 어떤 기능이 있는지 해당 칸에 표시한다.

이것도 해 보자!

자동 주차 기능 등 조사했던 인공지능 필요 기능 중 1개 이상을 선택하고, 좀 더 조사해 보자. 주변 운전자 중 인공지능 기능이 있는 차를 가진 사람이 있다면 실제로 그 기능을 얼마나 사용하는지 알아보자. 사용하거나 사용하지 않는 이유는?

탐·구·활·동

로봇 만들기

학교나 집에서 단순한 로봇을 만들어 볼 수 있다! 그림 그리는 로봇도 만들 수 있다. 한번 만들어 보자. 그리기 로봇을 만들려면 전동 칫솔, 수영 배울 때 물에 빠지지 않게 도와주는 풀 누들, 마커펜 4개가 필요하다.

⚠ 풀 누들을 자를 때, 어른의 도움이 필요할 수도 있다.

1 > **전동 칫솔에 배터리를 넣은 다음, 칫솔을 빼고 손잡이만 남기자.** 로봇을 움직이려면 손잡이 안의 모터가 필요하다.

2 > **풀 누들을 칫솔 몸통보다 약간 더 길게 잘라낸다.**

3 > **풀 누들 옆면에 3개의 마커펜을 일정한 간격으로 고정한다(그림 참고).** 마커펜 고정에는 테이프를 사용한다. 마커펜이 로봇의 다리 역할을 하므로 마커펜의 3분의 1가량이 풀 누들 밑으로 내려와야 한다. 마커펜의 끝은 아래로 향하게 하자.

4 > **칫솔 손잡이에서 솔 끼우는 쪽을 풀 누들 중심의 구멍에 끼운다.** 이때 전원 스위치가 밖에서 보여야 한다.
칫솔 손잡이를 풀 누들에 잘 고정한다.

5 > **마커펜의 뚜껑을 열고 로봇을 종이 위에 세운다.**

6 > **전원을 켜 보자!** 로봇이 종이에 그림을 그리며 돌아다닐 것이다. 로봇이 움직이지 않으면 마커펜의 위치를 조정하자. 다른 색 마커펜으로도 실험을 해 보라.

알·아·봅·시·다·!

아래는 인공지능이 영감을 주려고 쓴 격언들이다.

"자기 자신이 되기에 너무 늦은 때는 결코 없다."

"새들이 부를 좌우할 것이다."

"잎 하나도 없이 바닷가재가 있을 수는 없다."

무슨 의미인지 알겠는가?

이것도 해 보자!

이 로봇이 창작 활동을 할 수 있을까? 내 생각과 근거를 공학자 공책에 적어 보자. 로봇의 그림이 보기 좋은지, 마음에 드는지 등등 그림에 대해 생각해 보자.

반 구글? 레오나르도 다 버추얼? 머신-안젤로?

지금까지 예술은 고통, 기쁨, 혼동, 경이 등과 같은 감정을 인간들끼리 표현하는 수단으로 여겨졌다. 그러나 IBM의 왓슨과 구글의 마젠타가 앞으로 미술과 음악 같은 예술에 재능을 보인다면, 예술 활동이 오롯이 인간만의 영역이 아니며 기계도 예술가로 활약할 수 있다는 사실을 인정할 수밖에 없다. 이 같은 사실은 앞으로 인간의 예술에 어떤 영향을 미칠까? 인간 예술가가 인공지능 예술가로 완전히 대체될까? 과연 로봇이 창의적으로 그림을 그리고, 노래를 부를 수 있다면 인간의 창의력에 어떤 영향을 미칠까?

탐·구·활·동

버그봇 만들기

로봇 디자이너들은 영감을 받으려 자주 자연을 탐색한다. 그 결과, 곤충처럼 움직이고 날고 신호를 주고받는 로봇도 디자인됐다. 하버드 대학교의 과학자들이 개발한, 벌처럼 날아다니는 아주 작은 로보비 로봇 이야기다. 우리도 벌레를 닮은 로봇을 만들어 보자! 이 로봇을 만들기 위해 1.5~3V 소형 모터, AA 건전지 1개, 전선 달린 배터리 홀더 1개, 폼보드가 필요하다.

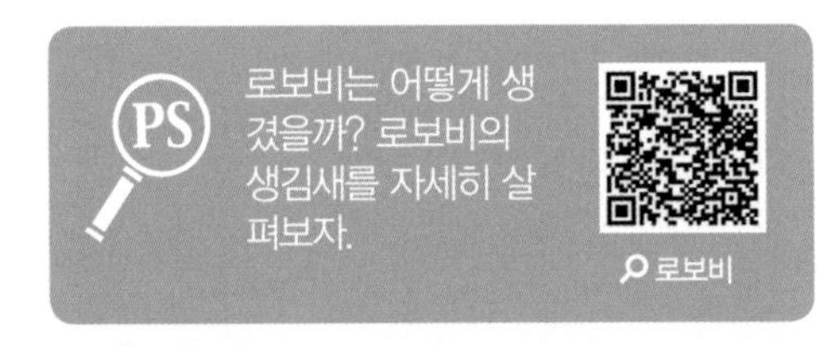

PS
로보비는 어떻게 생겼을까? 로보비의 생김새를 자세히 살펴보자.
로보비

1> **배터리 홀더의 밑면을 모터 위의 평평한 면에 붙이자.** 만일 배터리 홀더가 없다면, 폼보드를 자른다. 모터와 비슷한 크기로 폼보드를 잘라야 한다. 접착제로 자른 폼보드를 모터 윗면에 붙이고, 모터에 배터리를 붙여라.

2> **폼보드를 작게 잘라 접착제로 모터 축의 끝에 붙여라.** 모터가 균형이 맞지 않도록 지우개 같은 것을 사용해야 한다. 균형이 깨지면 모터가 뒤뚱거릴 것이고, 그래야 버그봇이 움직인다.

3> **배터리 홀더의 전선들을 모터의 리드에 연결한다.** 전선 끝을 리드에 감아도 된다.

4> **다리를 만들자!** 작게 자른 폼보드를 모터 아래에 접착제로 붙인다.
이 폼보드 덕분에 쉽게 다리를 달 수 있을 것이다. 큰 클립의 끝을 구부려서 폼보드에 꽂고, 접착제나 테이프로 다리를 단단히 고정하자. 클립 말고 다른 것도 다리로 사용해 보자.

5> **버그봇을 꾸며 보자.** 눈 등을 달아 예쁘게 꾸며 준다.

6> **건전지를 넣고 작동시킨다.** 버그봇은 진동하며 움직여야 한다. 제대로 움직이지 않으면 다리나 모터의 균형이 맞지 않게 조정한다.

7> **버그봇이 움직이는 모습을 사진이나 동영상으로 찍어서 공유하라!**

이것도 해 보자!

생김새가 다른 버그봇을 만들어 보자. 다른 재료로 다리를 만들면 무엇이 달라질까?

곤충 로봇

"로보비를 몇 대나 망가뜨렸습니까?"

"모두요."

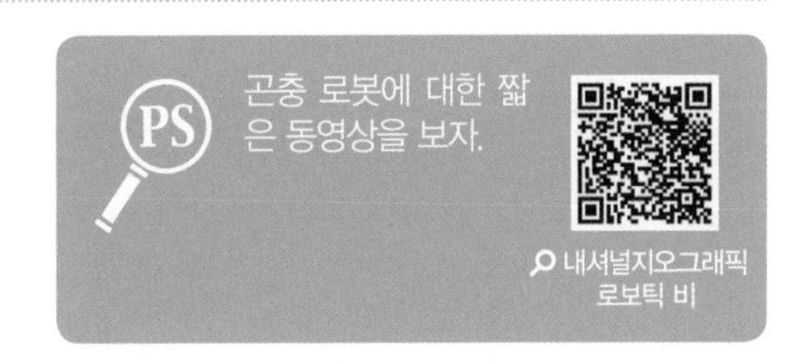

PS
곤충 로봇에 대한 짧은 동영상을 보자.
내셔널지오그래픽 로보틱 비

2014년 내셔널지오그래픽에서 떠오르는 탐험가로 선정된 로버트 우드는 곤충 로봇을 개발하고 있다! 왜 세상에 더 많은 벌레가 필요할까? 곤충 로봇은 재난 현장에서 긴급 구조원들에게 정보를 전달할 수 있다. 또한, 기후 변화로 날씨와 농작물의 생장 시기가 변하고 있어서, 농사에 유용하게 쓰일 수도 있다.

75쪽 **우주 개발(space exploration):** 로켓이나 우주선은 물론 인공위성과 과학 기기 등을 동원해서 과학적 · 실용적으로 우주 공간을 연구하는 모든 활동.

76쪽 **원자로 용해(nuclear reactor meltdown):** 원자력 발전소에서 사용 중인 핵연료가 지나치게 뜨거워지거나 또는 다른 이상 현상 때문에 내부의 열이 급격히 상승한 탓에 구조물이 녹아내리거나 파손되는 현상.

76쪽 **방사능(radioactivity):** 불안정한 원소의 원자핵이 붕괴하면서 방사선을 내뿜는데, 이 방사선의 세기를 방사능이라고 함. 방사능에 노출되면 질병에 걸릴 확률이 높아지지만, 암 같은 질병 치료에 쓰이기도 한다.

77쪽 **중력(gravity):** 지구가 지구 위의 물체를 끌어당기는 힘.

77쪽 **소행성(asteroid):** 태양 주위를 공전하는 바윗덩어리 같은 작은 천체.

77쪽 **왜행성(dwarf planet):** 태양 주위를 공전하는 행성보다 작은 천체.

77쪽 **성간(interstellar):** 별과 별 사이의 공간.

77쪽 **국제 우주 정거장(ISS, International Space Station):** 지구 상공 저궤도에 세운, 축구장만 한 크기의 구조물. 미국 중심으로 유럽, 러시아, 일본, 캐나다 등 16개국이 참여해서 건설했다.

77쪽 **나사(NASA, National Aeronautics and Space Administration):** 미국 항공 우주국. 미국 우주 탐험을 담당하는 기관이다. 1969년 아폴로 11호를 세계 최초로 달에 착륙시켰으며 오늘날에도 우주 개발을 이끌고 있다.

81쪽 **탄소 배출(carbon emission):** 이산화탄소 및 다른 탄소 가스들을 대기로 내보냄.

81쪽 **다빈치 로봇 수술기(da Vinci® Surgical System):** 흉터를 최소한으로 남기기 위해 배꼽 주변, 2.5cm 미만의 구멍 하나만으로 수술할 수 있도록 돕는 의료용 로봇. 1999년 처음 출시됐다.

81쪽 **3차원(3D):** 가로, 세로뿐만 아니라 높이까지 표현되는 입체 이미지.

82쪽 **사이버나이프(Cyber Knife):** 신체 어느 부위라도 안전한 방사선 수술을 시행할 수 있도록 개발된 치료 시스템. 치료해야 할 부위에 방사선을 집중적으로 쪼인다는 점은 기존 치료와 비슷하지만 움직이지 않는 고정된 틀에 의해 방사선을 쪼이던 기존 치료 방식과 달리 움직이는 로봇 팔에 의해 1,248개의 방향에서 원하는 신체 부위로 방사선을 움직이며 치료할 수 있다는 차이점이 있다.

83쪽 **생체 공학(bioengineering):** 생물체의 기능이나 움직임 등을 공학적으로 연구해서 얻은 지식을 기술적인 문제에 응용하는 학문. 결과적으로 생물체와 같이 동작하는 기계를 만들어 지금까지 인간이 해 오던 지나치게 복잡하거나 위험한 작업을 기계로 대체하려는 목적을 갖고 있다.

84쪽 **외골격(exoskeleton):** 바깥쪽에서 둘러싸 몸을 지지하거나 보호하는 조직.

84쪽 **리워크(Rewalk):** 미국 외골격 로봇 기업 리워크 로보틱스에서 판매하는 외골격 걷기 보조 로봇. 2016년 개인 판매 100대를 돌파했다.

86쪽 **시각 장애인을 위한 안내의 눈(Guiding Eyes for the Blind):** 시각 장애인을 위한 안내견 교육 학교.

87쪽 **엘리(Ellie):** 미국 서던 캘리포니아 대학교 연구단이 개발한 인공지능 빅데이터 챗봇. 상담 받으러 온 사람의 언어 패턴, 신체적 움직임을 포착해 환자의 상태를 파악한다.

87쪽 **제대(discharge):** 정해진 기간이 다 되거나 질병 또는 집안 사정으로 인해 군대 생활을 마침.

인공지능이 왜 필요할까?

지진에 쓰나미, 원전 폭발까지! 어마어마한 재난이 우리 동네를 덮친다면 어떻게 해야 할까? 영화에 나오는 슈퍼 히어로가 짠하고 나타나 무너진 건물 아래 깔린 사람들을 구해 줄 때까지 기다려야 하는 것일까? 오늘날 과학자들은 슈퍼 히어로 대신 재난 지역에서 사람들을 구해 줄 인공지능 로봇을 열심히 개발 중이다.

인간은 이미 수백 년 전부터 생각하는 기계를 꿈꿔 왔다. 그 결과, 오늘날 놀라운 성능의 컴퓨터와 로봇들이 등장했다. 그런데 인공지능은 정말 꼭 필요한 것일까? 솔직히 인류는 인공지능 없이도 지난 수천, 아니 수만 년 동안 잘 살아남았다. 하지만 인공지능에는 많은 장점이 있다. 위기 상황에서 우리를 구해 줄 수도 있고, 사람의 손만으로는 힘든 정교한 작업을 도와줄 수도 있다. 인공지능은 **우주 개발**에도 유용하다. 이 중에는 우리가 이미 습관처럼 익숙해진 것들도 있다.

생각을 키우자!

인공지능이 없다면 오늘날 세상은 어떤 모습일까?

안전

2011년 3월 11일, 일본 해안 근처에서 발생한 진도 9.1의 지진 때문에 엄청난 해일이 일어났다. 이 때문에 후쿠시마 원자력 발전소에서 **원자로 용해**가 발생했고, **방사능**이 누출됐다. 해일과 원자력 발전소 사고로 수천 명의 사람이 다치고, 죽었다. 방사능이 인간에게 너무나 해롭기 때문에 무너진 건물 잔해 등에 깔린 사람을 구출하러 가기도 힘들었다. 겨우 살아남은 후쿠시마 주민들도 방사능을 피해 다른 곳으로 이주해야 했다. 이 사고는 러시아의 체르노빌 이후 최악의 원자력 발전소 사고로 일컬어진다.

> "이 사고 직후 로봇 기술자들은 '사람을 구출하는 로봇이 있다면 어떨까?' 고민하기 시작했다."

휴머노이드를 포함해 몇몇 로봇은 사람에게는 위험한 지역이라도 쉽게 접근할 수 있다. 그래서 다르파는 스스로 생각해서 사람을 탐색하고 구출하는 로봇 경진 대회를 열었다. 많은 연구단이 이 대회에 참가했다. 결승에 오른 25개의 로봇은 여러 장애물 코스에서 경쟁했다. 2015년에 열린 마지막 대회에서는 운전, 계단 오르내리기, 전동 기구 사용, 울퉁불퉁한 길 걷기 등 어려운 과제들도 수행했다. 우승 연구단은 앞으로 더 욱더 로봇을 발전시키라는 의미로 수여되는 상금 수십억 원을 받았다.

재해 지역에서 생존자 탐색에 드론을 사용할 수 있다. 이런 상황에서는 재해 관광이라고 불리는 문제점이 발생하기도 하는데, 이는 구조를 돕겠다며 아마추어들이 날린 드론이 오히려 구조 방해가 되는 현상을 말한다.

다르파 로보틱스 챌린지 결승전

최고의 로봇이 우승하길! 다르파가 주최한 탐색 · 구조용 로봇 경진 대회의 결승전이 2015년 6월, 캘리포니아 주 포모나에서 열렸다.

다르파는 유튜브 채널 다르파 TV를 운영 중이다. 다르파 TV 채널에서 다르파에 대한 궁금증을 해소해 보자.

다르파 TV

PS 2015년 결승 경기들을 보자.

다르파 2015 동영상

인공지능 로봇은 재해 지역에서 인간을 구할 때뿐만 아니라 앞으로의 우주 탐험에도 유용하게 쓰일 것이다. 사실 이제까지 우주 비행 임무는 대부분 기계 장치가 수행해 왔다. 솔직히 우주는 인간에게 매우 위험한 공간이다. 극단적으로 높거나 낮은 온도, 가득한 방사능, 희박한 산소까지. 게다가 **중력**도 거의 없고, 모든 것이 너무 멀리 떨어져 있어서 어느 곳에든 닿으려면 시간이 아주 오래 걸린다. 이 모든 점을 종합해 볼 때 다른 행성, **소행성**, **왜행성**, 위성, 태양, **성간** 공간 탐사에 자동화된 우주선을 보내는 것은 매우 당연하다. 하지만 현재 **국제 우주 정거장**에서 외부 작업을 위해 쓰이는 로봇 대부분에는 인공지능 기술이 전혀 반영되어 있지 않거나 반영되었더라도 아주 약간만 반영되어 있다.

이 같은 상황에서 최근 **나사**가 개발 중인 화성 탐사용 휴머노이드 발키리는 확연히 눈에 띄는 우주용 인공지능 로봇이다. 발키리는 인간 우주 비행사들이 화성에 도착하기 전에 거주할 공간을 짓고, 우주 비행사들과 함께 붉은 행성 화성을 탐험하며 일할 것이다.

발키리를 소개합니다!

2016년, 나사는 'R5'라고도 알려진 발키리의 단독 작업 능력 향상을 위해 소프트웨어 개발 우주 로봇 챌린지라는 대회를 열고 연구 팀들을 초청했다. 혼자 일할 수 있어야 우주 비행 중은 물론이고 화성에 착륙해서도 인간의 세세한 감독 없이 임무를 완수할 테니까 말이다. 이 대회에서 기술자들은 발키리가 화성에서 수행해야 할 복잡한 여러 임무를 가상 R5로 프로그래밍 했다. 예를 들어, 발키리는 모래 폭풍을 견뎌 낸 다음 폭풍으로 손상된 곳을 스스로 고쳐야 했다. 이 대회에는 400개도 넘는 팀들이 참가했는데, 2017년에 열린 마지막 대회에서 1인 팀이 우승했다.

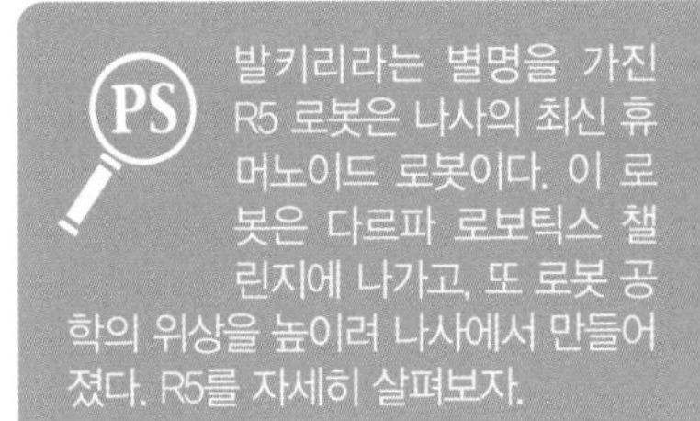

발키리라는 별명을 가진 R5 로봇은 나사의 최신 휴머노이드 로봇이다. 이 로봇은 다르파 로보틱스 챌린지에 나가고, 또 로봇 공학의 위상을 높이려 나사에서 만들어졌다. R5를 자세히 살펴보자.

나사 발키리 동영상

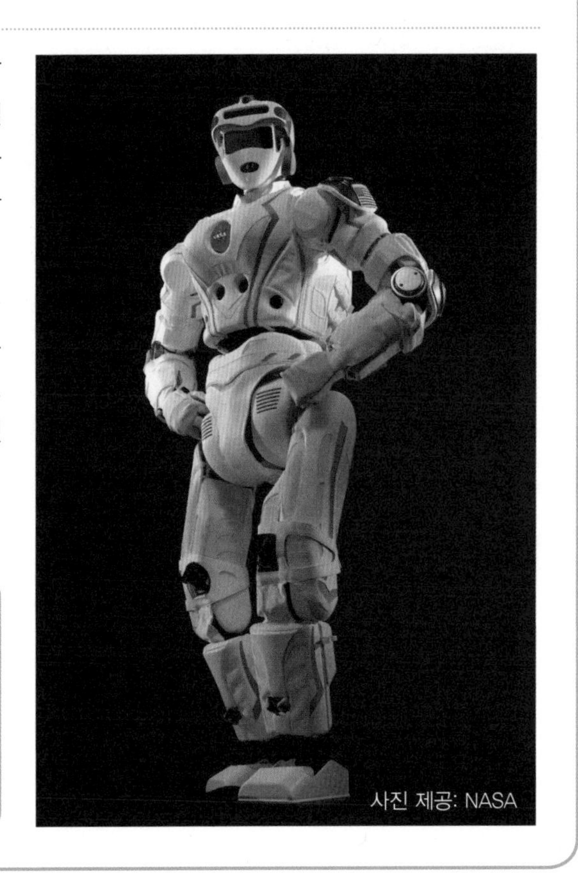

사진 제공: NASA

▶ 덱스터라는 이름의 로봇이 국제 우주 정거장 외부에서 작업 중이다.

큐리오시티 로봇

발키리는 화성에 갈 준비가 되려면 아직 멀었다. 그러나 큐리오시티 로봇은 2012년 8월에 이미 화성에 착륙해서 열심히 일하고 있다.

가상으로 큐리오시티 로봇을 시험해 볼 수 있다.

큐리오시티 체험

사진 제공: NASA

자율 주행 자동차의 인공지능도 안전과 무관하지 않다. 운전이 재난 지역에서의 구조나 우주 탐험만큼 위험하냐고? 미국에서만 매년 33,000명 넘게 교통사고로 사망한다. 우리의 일상과 밀접하게 닿아 있어 특별하게 느껴지지 않을 뿐 자동차도 몹시 위험한 존재인 셈이다. 그렇다면 자동차 사고를 줄이고, 보다 안전해질 방법은 무엇일까?

> " 미국 고속도로 교통 안전국에 의하면,
> 전체 자동차 사고의 94%가 운전자의 실수 탓이다. "

구글 자율 주행 자동차

사진 제공: Steve Jurvetson (CC BY 2.0)

그렇다면 해결책은 하나다. 인간을 운전석에 앉히지 않는 것이다. 이 같은 통계는 자율 주행 자동차의 미래를 이야기할 때 많은 자동차 회사가 내놓는 것이기도 하다.

대다수 전문가는 자율 주행 자동차가 도로를 메운다면 교통이 지금보다 안전해질 것으로 믿는다. 인공지능은 휴대 전화에 주의를 빼앗길리 없고, 음주 운전하는 일도 절대 없을 테니까. 아직은 자율 주행 자동차가 인간보다 더 안전하게 운전할 수 있다는 주장에 대해 대다수의 사람과 소비자 단체, 미국 고속 도로 교통 안전국 모두가 회의적이지만 말이다. 하지만 자율 주행 자동차가 운전에 완전히 익숙해지고, 운전자의 행동도 이해할 수 있다면 그때는 교통사고율이 분명히 획기적으로 줄어들 것이다.

자율 주행 자동차의 또 다른 장점은 환경오염에서 비교적 자유롭다는 점이다. 참여 과학자 모임에 따르면, 교통수단은 대기오염에 50%가 넘는 책임이 있다고 한다. 자율 주행 자동차는 교통 혼잡을 줄이는 데 도움이 될 테니 결과적으로 **탄소 배출**을 줄이는 데 기여할 수 있을 것이다. 탄소뿐만 아니라 유해물질 배출량도 줄어들 것이다. 게다가 테슬라 등의 회사들은 전기 자율 주행 자동차를 개발하고 있는데, 전기 자동차는 화석 연료를 쓰지 않으니 환경에 더 도움이 될 것이다.

자동차 회사 포드는 2021년까지 자율 주행하는 공유 자동차를 완성해서 판매하겠다는 계획이 있다. 그 차에는 핸들도 페달도 없을 것이라고 한다.

로봇 수술

의료 분야에서도 인공지능 로봇이 사람들의 목숨을 구하고 있다. 의료용 로봇은 인간 의사가 수술을 더 잘하도록 돕는다. 가장 널리 사용되는 로봇은 **다빈치 로봇 수술**기다.

2000년, 미국에서 승인된 다빈치 로봇은 1년에 거의 40만 번의 수술을 한다.

다빈치에는 4개의 로봇 팔이 있으며 팔마다 아주 작은 수술 도구나 카메라가 달려 있다. 팔에 달린 **3차원** 카메라는 의사가 수술할 때, 수술 부위를 고화질 **3차원** 화면으로 볼 수 있게 해 준다. 의사는 메스나 레이저를 조종하는 장치인 콘솔을 사용해 로봇 팔이 수술하도록 조종한다. 로봇용 소프트웨어 덕분에 의사의 손동작이 다소 부드럽지 못해도 로봇 팔은 부드럽게 움직인다.

> “다빈치 덕분에 오늘날의 의사들은 예전에 불가능하던 섬세하고 복잡한 수술도 할 수 있다.”

다빈치가 아닌 수술용 로봇은 또 다른 방식으로 환자를 치료한다. 그중에는 더 많이 자동화된 의료 로봇들도 있다. **사이버나이프**는 방사능으로 암을 치료하는 완전한 로봇 시스템이다. 이 로봇은 실시간 영상을 보고 암세포를 정확히 겨냥해서 고용량 방사능으로 치료한다. 심지어 환자가 움직이면 따라 움직이며 암세포를 추적한다. 의료는 인공지능의 도움으로 계속 더 발전할 수 있는 분야다.

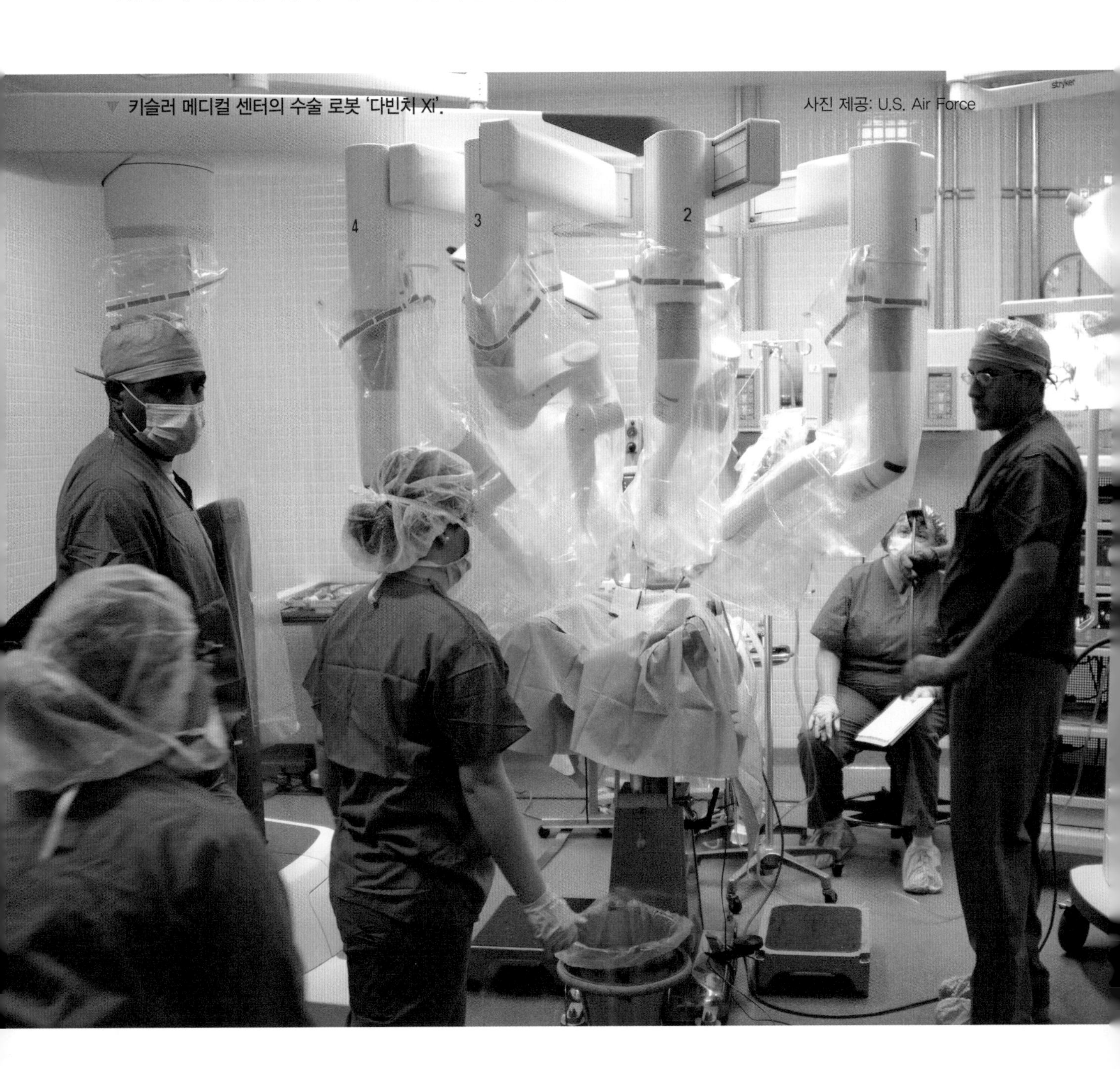

▼ **키슬러 메디컬 센터의 수술 로봇 '다빈치 Xi'.**

사진 제공: U.S. Air Force

생체 공학과 외골격 로봇

타고난 장애나 불의의 사고 때문에 다리를 잃어 걷기가 힘든 사람들은 인공 다리를 착용함으로써 혼자 걸어 다닐 수 있다. 하지만 인공 다리를 착용한 것만으로는 마음껏 돌아다니기 힘들다. 인공 다리로 걷는 것은 타고난 다리로 걷는 것과 완전히 다르기 때문이다. 그러므로 인공 다리 착용자들은 대부분 인공 다리의 특성을 알고, 그에 따라 주의하며 발을 내디뎌야 한다. 하지만 오늘날 과학자들은 인공지능 기술로 인공 팔다리보다 발전한 **생체 공학**적 팔다리를 만든다.

미국 육군 하사 빌리 코스텔로가 의족의 발목을 폈다 구부렸다 하고 있다. 코스텔로는 폭발물 때문에 한쪽 다리를 잃고, 의족을 달았다.
사진 제공: DOD photo by Terri Moon Cronk

최초로 시중에서 살 수 있는 생체 공학적 다리는 오셔라는 회사가 만든 심비오닉 다리다. 심비오닉 다리는 착용한 사람을 위해 '생각한다'. 착용자의 자세에 조금이라도 변화가 있으면 다리에 설치된 센서들이 바닥 지형을 살핀다. 그다음 컴퓨터 칩들이 다리를 뻗을 만한, 가장 좋은 각도를 계산한다. 그러고 나서야 한 걸음 내딛는다. 이 다리는 심지어 착용자가 돌부리에 걸려도 곧 중심을 잡고 바로 서게 할 수 있다.

딥마인드

2017년, 구글 딥마인드는 걷기, 달리기, 점프 등을 스스로 배우는 인공지능을 개발했다. 이 인공지능은 현실 세계의 존재가 아니고 가상 현실 세계의 존재로 '걷기'라는 동작을 본 적이 없었다. 그래서인지 가상 현실 속 인공지능의 첫 걸음마는 우스꽝스럽지만, 동시에 걸음마 익히기에 매우 효과적으로 보인다!

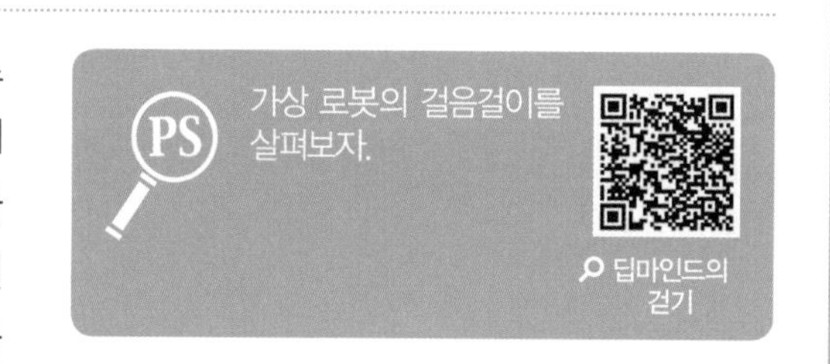

PS
가상 로봇의 걸음걸이를 살펴보자.
딥마인드의 걷기

인간의 보행을 돕는 또 다른 로봇 기술로 **외골격** 로봇이 있다. 외골격 로봇은 사람의 다리나 몸통에 착용하는, 입는 로봇으로 착용자의 무게 중심이 조금만 변해도 감지 가능하다. 무게 중심의 이동을 감지하면 모터로 착용자가 이동하기에 알맞게 외골격의 고관절과 무릎을 굽힌다. 외골격 로봇들은 대부분 척추 또는 뇌 부상으로 걸음마부터 다시 배워야 하는 사람들을 돕는다. 많은 외골격 로봇이 물리 치료 등에 쓰이는데, **리워크**처럼 가정에서 사용하도록 승인받은 외골격 로봇도 있다.

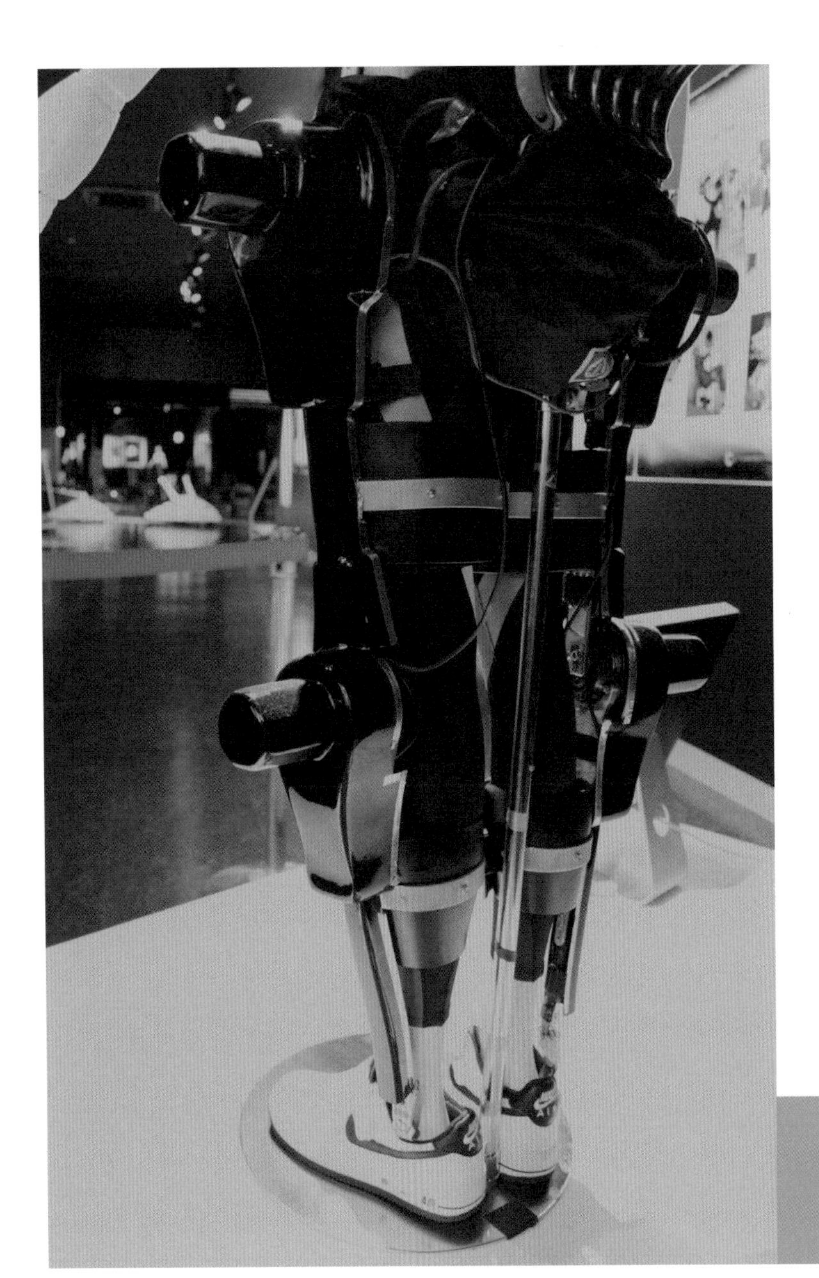

알·고·있·나·요·?

2012년 사고로 반신불수가 된 클레어 로마스는 가정에서 사용하도록 승인받은 최초의 외골격 로봇, 리워크를 착용하고 런던 마라톤 대회에 참여했다. 클레어는 17일이 걸려 결승선을 통과할 수 있었다.

사이버다인이라는 회사에서 걷기를 돕도록 만든 외골격 로봇

사진 제공: Yuichiro C. Katsumoto (CC BY 2.0)

더 효율적으로 일하기

다들 카카오톡으로 친구들과 잡담하거나, 인터넷에 사진이나 글을 올려본 적이 있을 것이다. 동영상을 본 적도 있을 테고. 이 모든 사례는 우리가 데이터의 늪에 빠져 있음을 보여 준다. 오늘날에는 엄청나게 많은 데이터가 생산 · 교환 · 저장되는데, 데이터의 양이 너무 많아 잘 사용하거나 관리하기가 어렵다. 이럴 때 필요한 존재가 바로 인공지능이다! 인공지능이 엄청난 양의 정보를 훑어보고 상관관계를 찾는 일에 매우 적합하기 때문이다. 우리는 인공지능 덕에 방대한 양의 데이터를 효율적으로 관리하고, 써먹을 수 있다.

“ 인공지능과 빅데이터 덕분에 우리의 삶은 놀랍도록 빠르게 편해지고 있다. ”

‘의료’는 인공지능의 힘으로 눈에 띄게 발전 중인 대표적인 분야다. 예를 들어, IBM의 왓슨은 의사의 진단을 돕는다. 대부분의 의사들은 매년 의학 학술지에 실리는 새로운 연구 결과를 읽으며 새로운 치료 기술을 배울 시간이 없다. 하지만 왓슨은 그렇게 할 수 있다! 왓슨은 모든 의료 잡지와 데이터베이스 검색 후 치료 방법을 제안할 수 있다. 왓슨 같은 인공지능은 세무사들이 바뀐 세법에 맞춰 세금을 잘 계산할 수 있도록 돕는다거나 보험사가 보험금 청구 내용을 잘 분석하도록 돕는다거나 할 수도 있다. 해킹 시도는 물론 다른 사이버 위협들도 찾아내고 예측한다.

청소기 돌리기나 잔디 깎기는 인제 그만!

집안일이 즐겁지 않다고? 조금만 기다려라. 로봇의 도움을 받을 날이 머지않았으니까. 오늘날 많은 회사에서 로봇 청소기를 만들어 판매한다. 로봇 청소기는 가구 같은 장애물을 피해 혼자 돌아다니며 집 안 이곳저곳을 청소한다. 아직 계단을 오르내리지는 못하지만 말이다.

집 밖에서 스마트폰으로 조종할 수 있는 청소기들도 있다. 일반 청소기와 비교해 그렇게 썩 청소를 잘하지도 못하는데다 매우 비싸지만, 점점 좋아지고 있다. 잔디 깎기에도 차츰 로봇이 사용되고 있다. 잔디 깎기 로봇 대부분은 작은 마당만 처리할 수 있지만, 한 번에 4천 제곱미터가량의 잔디를 깎을 수 있는 로봇도 있다. 로봇 청소기와 마찬가지로 잔디 깎기 로봇도 스마트폰으로 조종 가능하다. 또 어떤 자질구레한 일을 로봇이 해 주면 좋을까?

인간적 유대

위험한 재난 지역에서 사람을 구하고, 우주 공간을 탐험하고, 교통안전에 도움이 되며, 몸이 불편한 사람들의 움직임을 도와주고, 엄청난 양의 데이터 분석으로 의료 분야를 비약적으로 발전시키는 것까지, 인공지능은 정말 장점이 아주 많다. 하지만 인공지능의 장점은 이뿐만이 아니다. 놀랍게도, 우리는 인공지능 연구를 통해 인간에 대해서도 더 잘 이해할 수 있다. 무슨 소리냐고?

생각하는 기계를 만들려면 '지능과 지능적인 것'에 대해 한 번 더 생각할 수밖에 없다. 사회적 로봇을 만들 때는? 감정과 사회적 신호를 살펴볼 수밖에 없다. 인간과 기계가 서로 잘 상호 작용하려면, 인공지능은 인간의 감정을 알아차리고 반응하는 법을 배워야 한다. 그러려면 인공지능 과학자들이 먼저 인간이 느끼고 반응하는 방식을 잘 알아야만 한다. 개발자가 다른 사람의 감정이나 사회적 신호가 얼굴이나 몸짓으로 전해진다는 사실을 모르는데, 어떻게 사람의 마음을 알아차리는 기계가 만들어질 수 있겠는가?

알·고·있·나·요·?

IBM 왓슨은 **'시각 장애인을 위한 안내의 눈'**이라는 기관을 도와 개와 시각 장애인을 짝지어 준다. 이 기관에서는 개 수십만 마리의 건강 상태와 훈련 기록을 온라인으로 기록하고, 왓슨은 각 장애인의 안내견이 될 가능성이 큰 개의 패턴을 찾아내려 데이터를 샅샅이 분석한다!

> “ 게다가 때때로 사람들은 인간보다 로봇을 더 원하기도 한다! ”

▲ 왓슨이 돕고 있는 '시각 장애인을 위한 안내의 눈' 프로그램에서 다른 개의 훈련을 돕는 안내견.
사진 제공: U.S. Air Force photo/Jason Minto

가상 심리 치료사 **엘리**를 예로 들어보자. **제대**한 많은 군인이 다른 사람에게 자신의 문제를 말하고 싶어 하지 않았던데 반해, 엘리에게는 좀 더 편안하게 입을 열었다. 그 덕분에 엘리는 제대한 군인들을 상담하고, 심리적 문제를 찾아낼 수 있었다. 이와 비슷하게, 일본의 노인 환자들도 인간 돌봄이보다 로봇 돌봄이들을 좀 더 편안하게 느꼈다. 이 로봇 돌봄이들의 또 다른 장점은 일본의 인구는 점점 노령화하는데 반해 요양 인력은 줄어들고 있다는 데서 찾을 수 있다. 이 같은 상황이 지속되면 결국 로봇이 인간의 빈자리를 채우게 될 테니까.

지금까지 살펴본 것처럼, 인공지능은 우리 삶의 많은 영역에서 매우 유용하다. 그럼에도 인공지능의 실사용이 기대만큼 늘지 않는 이유는 무엇일까? 인공지능 회사들은 왜 새 로봇을 만들거나 이미 있는 로봇을 발전시키는데 시간과 돈을 더 많이 쓰지 않을까?

생각을 키우자!

인공지능이 없다면 오늘날 세상은 어떤 모습일까?

탐·구·활·동

인공지능 알고리즘 찾아보기

인공지능 알고리즘은 우리 주변에서 흔히 사용된다. 예를 들어 축구 연습할 시간이라고 알려 주거나, 인터넷 정보를 검색해 준다. 좋아할 만한 영화나 신곡을 추천해 주기도 하고, 다음에 사고 싶을 만한 물건을 예측해 보여 주기까지 한다. 인터넷에서 얼마나 많은 인공지능 알고리즘을 발견할 수 있을까?

1 > **음악이나 영화 스트리밍 서비스 웹사이트를 선택하자.** 멜론, 유튜브, 넷플릭스 등이 있다.

2 > **선택한 웹사이트가 어떤 알고리즘으로 각종 기능을 구현했는지 찾아보라.** 예를 들어, 넷플릭스의 알고리즘 작동 방식을 검색할 수 있다. 넷플릭스의 알고리즘은 어떻게 이용자들이 보고 싶어 할 만한 영화를 예측할까? 어떻게 이용자들이 이미 본 것을 알고 있을까?

3 > **웹사이트에 들어가 직접 알고리즘을 찾아보자.** 웹사이트에서 하는 추천은 위에서 찾아본 알고리즘을 따른 것일까? 예전에 보고 들은 것들이 알고리즘에서 사용되는 것일까? 찾아낸 알고리즘을 목록으로 정리하고, 추천받은 음악이나 영화가 마음에 드는지 생각해 보자.

4 > **그 밖에 무엇이 찾을 수 있을까?** 웹사이트에 사용된 인공지능 알고리즘이 얼마나 쓸 만한지(혹은 쓸 만하지 않은지) 정리하고, 간단히 글로 적어 보자.

이것도 해 보자!

다른 사이트도 조사하고, 그 사이트의 알고리즘은 어떻게 작동하는지 비교해 보자.

탐·구·활·동

인명 구조 로봇 설계

다르파 로봇 경진 대회의 핵심은 재난에 대처할 수 있는 로봇의 설계였다. 우리도 직접 로봇을 설계해 보자!

1 > **로봇이 어떤 일을 해야 할지 생각해 보자.** 다르파 대회 동영상들을 보고, 우주처럼 위험한 환경에서 일해야 하는 로봇에 대한 정보를 찾아보자. 어떤 환경에서, 어떤 과제를 수행해야 할까?

2 > **로봇 만들기에 필요한 필수 요소들의 목록을 만들어라.** 로봇에게 꼭 필요한 기능은 무엇일까? 계단 오르내리기나 도구 사용이 필수일까? 방수 기능은? 혼자 생각하는 능력이 꼭 필요할까?

3 > **공학자 공책에 설계한 로봇을 그려 보자.** 로봇 그림에서 주요 부분을 표시하고, 그 부분의 기능을 적어 보자. 이 기능들은 앞서 만든 목록의 어떤 항목에 해당할까? 또, 가장 만들기 어려운 기능은 무엇일까? 그 기능을 만들기 어려운 이유는?

이것도 해 보자!

설계한 로봇의 모형을 만들어 보자! 어떤 재료로 만들어도 좋다. 설계를 어떻게 바꾸면 로봇이 더 좋아질까?

탐·구·활·동

우주 로봇 디자인

나사의 발키리는 '다르파 로보틱스 챌린지'에 참가하기 위해 만들어졌다. 현재 나사는 인간 우주 비행사들을 위한 사전 준비 때문에 발키리를 화성으로 보내려고 한다. 하지만 발키리가 첫 번째 우주 로봇은 아니다. 이미 우주로 간 로봇이 많이 있다. 화성을 탐사한 로봇도 있고, 국제 우주 정거장에서 일하는 로봇도 있다. 우리도 직접 우주 로봇을 설계해 보자.

1 〉 **우주 로봇이 해야 할 일을 정리해 보자.** 달이나 화성을 탐사할 로봇과 국제 우주 정거장에서 일할 로봇은 기능이 어떻게 다를까?

2 〉 **현재 우주 로봇의 작업 환경과 할 일을 조사하자.** 우주 로봇은 어떤 환경에서 작동하고, 필요한 작업을 어떻게 수행할까? 다른 행성, 위성, 소행성을 위한 임무는 어떤 것이 있을까? 나사 태양계 웹사이트부터 살펴보는 것이 좋겠다. 만일 우주 정거장에 관심이 있다면 나사 우주 정거장 웹사이트를 살펴라.

3 〉 **우주 로봇 만들기에 필요한 필수 요소들의 목록을 만들어라.** 우주 로봇은 어떤 상황에서 일할까? 무중력 상태에서 일할까? 또 어떤 일을 할까? 소행성에서 물질을 채취할까? 소행성에서 물질을 채취한다면 스스로 생각할 줄 알아야 할까?

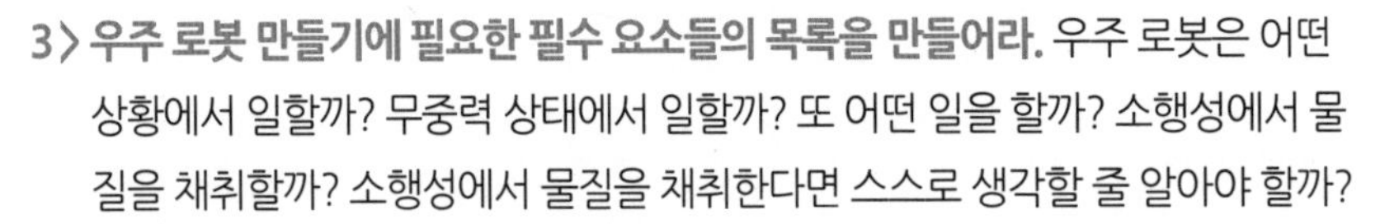

4 〉 **우주 로봇을 그리자.** 로봇 그림에서 주요 부분을 표시하고 그 부분의 기능을 적어 보자. 이 기능들은 앞서 만든 목록의 어떤 항목에 해당할까? 또, 가장 만들기 어려운 기능은 무엇일까? 그 기능을 만들기 어려운 이유는?

이것도 해 보자!

설계한 로봇의 모형을 만들어 보자! 어떤 재료로 만들어도 좋다. 우주에서 쓸 만한 로봇을 만들려면 어떤 문제들을 해결해야 할까?

탐·구·활·동

노인 전용 로봇 설계

빠른 노령화 탓에 가까운 미래에는 노인들의 건강이나 생활을 보살펴 줄 사람이 부족해질 수 있다. 이에 일부 로봇 과학자들은 노인을 위한 소셜 로봇이나 돌봄이 로봇을 만들고 있다. 노인과 함께 생활하거나 노인을 돌보는 노인 전용 로봇을 설계해 보자!

1 > **돌봄이 로봇이 해야 할 일을 생각해 보자.** 노인과 계속 함께 지내야 할까? 무엇을 중점적으로 돌봐야 할까? 로봇이 일할 장소는 집이나 병원일까? 아니면 그 밖의 다른 곳일까?

2 > **오늘날의 노인 돌봄 소셜 로봇을 조사해 보자.** QR 코드로 연결된 웹사이트에 들어가 관련 정보를 찾아보자. 영어라 어렵다면 사진만 참고한다.

3 > **돌봄이 로봇이 일할 장소와 할 일을 조사해 보자.** 자질구레한 심부름 담당 로봇을 가정용으로 설계해야 할까? 아니면 양로원에서 일할 로봇을 설계해야 할까?

4 > **설계할 돌봄이 로봇에 꼭 필요한 기능과 요구되는 성능을 목록으로 정리하자.** 돌봄이 로봇은 몇kg까지 들 수 있어야 할까? 우스갯소리를 할 줄 알아야 할까? 스스로 생각할 수 있어야 할까? 약 먹는 시간은 꼭 알려 줘야 한다!

5 > **돌봄이 로봇을 그리자.** 로봇 그림에서 주요 부분을 표시하고 그 부분의 기능을 적어보자. 이 기능들은 확인 목록의 어떤 항목에 해당하는가? 어떤 기능이 가장 만들기 어려울까? 이유는? 노인을 돌보는 대신 어린 아이를 돌보는 로봇을 만든다면 어떤 점이 달라야할까?

이것도 해 보자!

이 밖에 인간에게 어떤 서비스를 하는 로봇이 필요할지 생각해 보자. 어떤 문제들을 인공지능으로 해결할 수 있을까?

93쪽 **SF(science fiction):** 아직 실재하지 않는 과학이나 기술을 소재로 만든 이야기. 공상 과학이라고도 한다.

93쪽 **첨단 기술(cutting-edge technology):** 수준 높고 앞선 과학 기술.

94쪽 **인조인간(bionic man):** 인간과 비슷한 모습으로, 걷기도 하고 말도 하는 기계 장치. 로봇과 같은 의미로 쓰이기도 한다.

94쪽 **메리 셸리(Mary Shelley):** 19세기 영국 소설가. 최초의 SF 소설로 손꼽히는 《프랑켄슈타인》을 썼다.

94쪽 **다임 노벨(dime novel):** 영미권에서 19세기 후반에 인기를 끌었던 값싼 대중 소설.

94쪽 **에드워드 엘리스(Edward Ellis):** 19세기 미국 소설가. 로봇을 다룬 최초의 소설 《대평원의 증기 인간》을 썼다.

95쪽 **프랭크 바움(Frank Baum):** 19세기 중반 태어나 20세기 초에 활약한 미국의 동화 작가. 《오즈의 마법사》를 썼다.

95쪽 **카렐 차페크(Karel Čapek):** 19세기 말 태어나 20세기 초 활동한 체코의 극작가. 처음으로 '로봇'이라는 단어를 사용했다.

95쪽 **산업 혁명(industrial revolution):** 18세기 영국에서 제임스 와트가 개량한 증기기관 덕분에 면직물이 대량 생산되고, 이후 무수히 많은 기계가 발명되며 기술 혁신이 일어남으로써 사회 · 경제 구조가 변화한 일을 가리킴.

96쪽 **노동조합(abor union):** 노동자들이 경영자와 노동 조건 등을 협상하기 위해 만든 단체.

97쪽 **아이작 아시모프(Isaac Asimov):** 20세기 러시아 출신 미국 SF 소설가. 아서 클라크, 로버트 하인리히와 함께 SF의 3대 거장으로 일컬어 지며 많은 작품이 영화화됐다.

97쪽 **해리 베이츠(Harry Bates):** 20세기 미국 SF 소설가.

98쪽 **냉전(cold war):** 제2차 세계 대전 이후 시작된 소련과 미국 사이의 갈등 관계.

98쪽 **제2차 세계 대전(second world war):** 제1차 세계 대전에서 패한 독일에서 히틀러가 수상으로 취임하면서 이탈리아, 일본과 함께 일으킨 전쟁.

98쪽 **원자 폭탄(atomic bomb):** 핵분열 시 연속 발생하는 힘을 이용해 터트리는 폭탄. 다른 말로 핵폭탄이라고도 한다.

98쪽 **한국 전쟁(Korean war):** 1950년 6월 25일 새벽 북한이 남한을 침략하면서 일어난 전쟁. 1953년 7월 27일 휴전됐다.

99쪽 **베트남 전쟁(Vietnam war):** 프랑스에서 독립한 베트남이 북베트남과 남베트남으로 나뉘어 일어난 전쟁. 미국이 남베트남을 지원했지만 결국 북베트남의 승리로 끝났다.

99쪽 **시민 평등권 운동(civil rights movement):** 1950년대와 1960년대 미국에서 흑인들이 법 앞에 평등하게, 차별받지 않을 권리를 얻기 위해 벌인 운동.

99쪽 **여성 해방 운동(women's liberation movement):** 1960년대 후반 미국에서 시작된, 여성들이 남성과 동등한 권리를 얻기 위해 벌인 운동.

101쪽 **인공위성(artificial satellite):** 지구 둘레를 돌며 수집한 정보를 전송하는 인공 장치. 로켓으로 쏘아 올린다.

102쪽 **필립 K. 딕(Philip K. Dick):** 20세기 미국 SF 소설가. SF 영화 《블레이드 러너》(1982)의 원작 소설을 썼다.

102쪽 **윌리엄 깁슨(William Gibson):** 20세기 미국 SF 소설가. 《뉴로맨서》에서 '가상 현실'이란 개념을 처음 제시했다.

102쪽 **초지능(superintelligence):** 평범한 인간의 지능을 훌쩍 웃도는, 놀랄 만한 수준의 지능.

103쪽 **팀 버너스리(Timothy Berners Lee):** 20세기에 태어난 컴퓨터 과학자. 월드 와이드 웹을 처음 만들었다.

SF에 등장하는 인공지능

요즘 인공지능은 소설이나
영화의 단골 주제야.
쉽게 찾아볼 수 있지!
ROBOT WORLD

SF 영화에 등장하는 인공지능이
악당일 때는 소름이 끼칠 정도야!

공포심을 자극하는
방법일 뿐이야. 사람들이
생각보다 쉽게 겁먹거든.
그렇긴 해!

많은 SF 영화에서 인공지능은 아무런 죄책감 없이 사람을 죽이거나 아니면 아예 인류를 멸망시키려고 한다. 사람들에게 인공지능이란 개념을 각인시킨 고전 SF 영화 《2001 스페이스 오디세이》(1968)부터 《어벤저스: 에이지 오브 울트론》(2015)까지……. 인공지능에 대한 이 같은 두려움은 어디에서 오는 것일까? 그저 잘 모르는 것에 대한 막연한 두려움일까? 아니면 통찰이 뒷받침된 예측일까?

사람들은 수천 년 동안 생각하는 기계를 상상해 왔다. 수천 년 전 신화에 이미 조각상에 생명을 불어넣는 이야기가 등장했을 정도다. 시간이 흐르고 기술이 발전하면서 소설, 만화, 연극, 드라마, 영화까지 인공지능 또는 인공지능 로봇이 등장하는 이야기는 셀 수 없이 많아졌다. 그렇다고 인공지능 시대가 코앞에 닥쳤다고 착각하면 곤란하다. SF에 등장하는 **첨단 기술**은 대개 현실보다 여러 해, 심지어 수십 년 앞서 있으니까.

생각을 키우자!

로봇이나 인공지능에 대한 사람들의 생각은 SF 소설이나 영화에 어떻게 반영됐을까?

고대부터 19세기까지

신화에는 종종 **인조인간**이 등장한다. 그리스 신화에는 대장장이이자 석공과 불의 신인 헤파이스토스가 금으로 말하는 시녀들을 만들었다. 3000년도 더 전에 쓰인, 트로이 전쟁이 배경인 서사시 《일리아드》에는 신들이 인공 생명체를 만드는 이야기가 담겨 있다. 유대인들의 신화에도 로봇 비슷한 괴물이 나온다. 골렘이라는 진흙 인간이다. 골렘은 신성한 말이 쓰인 종이 쪽지를 입에 넣어 주면 움직이고, 종이를 빼면 푹 쓰러져 움직이지 않는다. 원래는 명령에 따라 기계적으로 움직이는 하인일 뿐이던 골렘은 점차 발전해 16세기 무렵에는 어려움에 빠진 유대인을 지키는 존재가 되었다.

1818년에는 최초의 SF 소설로 손꼽히는 《프랑켄슈타인》이 발표됐다. 이 이야기 속 주인공 빅터 프랑켄슈타인 박사는 죽은 사람들의 몸으로 인간과 닮은 존재를 만들고, 전기로 생명을 불어넣는다. 이렇게 탄생한 괴물은 사회에서 외면당하자 자신을 만든 프랑켄슈타인 박사에게 악감정을 품고 복수한다. 《프랑켄슈타인》의 작가 **메리 셸리**(1797~1851)는 이 이야기로 기술이 인류의 삶을 개선하기는커녕 오히려 악화시킬 수도 있음을 보여 줬다. 《프랑켄슈타인》은 이후 1910년 개봉한 무성 단편 영화를 시작으로 여러 번 영화로 만들어졌다.

19세기 초, 과학자들은 죽은 조직을 전기로 되살리는 실험을 시작했다.

진짜 기계로 된 인간이 등장하는 최초의 영어 소설은 19세기 말의 **다임 노벨**이다. 값싼 종이 책으로 인기가 많았던 다임 노벨은 주로 사랑과 모험을 다뤘다. 로봇을 다룬 최초의 다임 노벨은 1868년에 출간된 **에드워드**

최초의 SF 소설을 읽어 보자!

영국 소설가 메리 셸리는 정치 철학자인 아버지와 여성 운동가였던 어머니 사이에서 태어났다. 메리 셸리의 아버지는 남녀 차별이 심각하던 시대 분위기에도 불구하고 딸이 고등 교육을 받을 수 있도록 아낌없이 지원했고, 그 덕분에 메리 셸리는 인조인간이 등장하는 최초의 SF 소설 《프랑켄슈타인》을 집필할 수 있었다.

셸리 고드윈 기록 보관소에서 메리 셸리가 손수 쓴 《프랑켄슈타인》의 초고를 온라인으로 볼 수 있다.

초고 《프랑켄슈타인》

메릴랜드 대학교 홈페이지에서 영문 《프랑켄슈타인》을 온라인으로 읽을 수 있다.

영문 《프랑켄슈타인》

엘리스(1840~1916)의 《대평원의 증기 인간》이다. 1907년, **프랭크 바움**(1856~1919)은 《오즈의 오즈마》에 구리로 만든 둥근 태엽장치 인간 틱톡을 등장시켰다. 틱톡은 태엽으로 움직이며 누군가 정기적으로 태엽을 감아줘야만 제대로 작동한다. 틱톡은 근대 문학에 등장한 최초의 로봇 가운데 하나로 손꼽힌다. 틱톡은 텔레비전 애니메이션 《도로시와 오즈의 마법사》를 포함해 10권도 넘는 다른 오즈 시리즈에 등장했다.

20세기 초

'로봇'이라는 단어는 체코어로 '노동'을 뜻하는 단어에서 유래됐다. 왜 하필이면 체코어냐고? 이 단어를 처음 쓴 사람이 체코 사람이기 때문이다. 1920년, 체코 작가 **카렐 차페크**(1890~1938)는 희곡 《R.U.R》에서 인간 대신 노동하는 존재로써의 로봇을 처음 등장시켰다. 하지만 이 희곡 속 로봇들은 처음에만 기꺼이 인간을 위해 일하고, 곧 반란을 일으킨다. 결국 인간은 로봇 때문에 멸종한다.

처음으로 영화에 등장한 '생각하는 기계' 가운데 하나는 무성 영화 《메트로폴리스》(1927)에 나온 로봇 마리아다. 암울한 미래를 배경으로 한 이 영화에서 고층 빌딩의 부자들은 지하 세계의 노동자들을 지배한다. 노동자들은 온갖 고된 일에 시달리면서도 도시가 돌아가게 만드는 거대한 기계를 신처럼 떠받든다. 이런 상황에서 마리아는 반란을 선동하고, 노동자들은 폭동과 함께 기계를 파괴하지만 사고로 자신들의 자식이 물에 빠져 죽자, 마리아에게 반기를 든다.

《R.U.R.》과 《메트로폴리스》는 모두 20세기 초 사람들의 불안감을 반영한다. **산업 혁명**이 일어나면서 사람들이 공장 노동자가 되기 위해 점점 더 많이 도시로 모여들었지만, 당시 법률은 지금처럼 노동자를 잘 보호하지 못했다. 노동자들은 아주 위험한 환경에서 매우 적은 돈을 받으면서 오랜 시간 일해야 했다. 심지어 아이들도 공장에서 일했다. 1900년 무렵에는 미국에서만 한 해 35,000명

알·아·봅·시·다·!

오늘날 우리가 로봇에 기대하는 바를 생각할 때, '노동'에서 유래된 '로봇'이란 이름은 적당한 것일까?

▲ 카렐 차페크

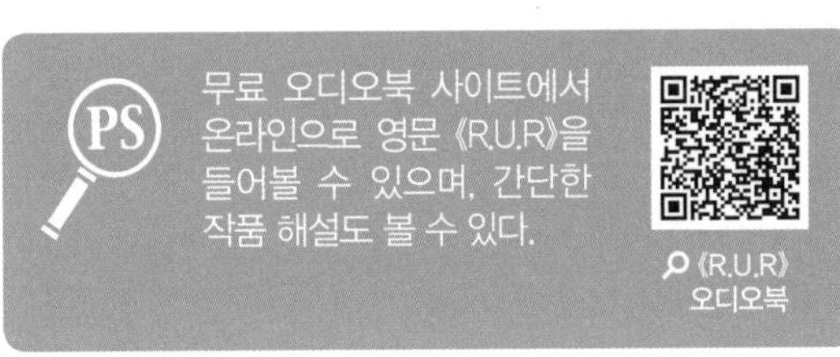

PS
무료 오디오북 사이트에서 온라인으로 영문 《R.U.R》을 들어볼 수 있으며, 간단한 작품 해설도 볼 수 있다.
《R.U.R》 오디오북

▲ 영화 《메트로폴리스》의 포스터

의 사람이 공장에서 목숨을 잃었다. 노동자들에게는 힘과 권리가 거의 없었다. 그러나 1920년대 들어서면서 사회 개혁과 노동 개혁이 이뤄졌다. 노동자들이 권리를 요구하기 시작했고, **노동조합**이 만들어졌다. 하지만 공장 주인은 물론 정부까지도 노동조합을 조직하고, 노동 환경 개선을 요구하는 노동자들에게 빈번히 폭력

인공지능 및 로봇과 관련된 테마

많은 SF 작품이 아래 테마들을 다룬다.

- 인공지능의 반란
- 인공지능의 지구 정복
- 인공지능의 인간 지배
- 노예 인공지능
- 인공지능의 범죄
- 인간과 인공지능의 결합
- 인공지능과 평등권
- 자각하는 인공지능

을 사용했다. 마치 영화 《R.U.R.》과 《메트로폴리스》 같은 이야기다. 이 이야기들에서 로봇은 노동자거나 노예로 일하다가 반란을 일으킨다. 당시 상류층이 정말로 두려워했던 대상은 무엇이었을까? 로봇? 혹은 자신들이 억압하던 하류층 사람들?

20세기 중반

지금 우리가 쉽게 연상할 수 있는, 지능을 갖춘 로봇이 소재인 영화와 책은 20세기 초중반부터 등장하기 시작했다. 이 시기의 작가들은 대부분 로봇을 만들면 지능은 당연히 따라온다고 생각했다. 특히 미국 SF 소설가 **아이작 아시모프**(1920~1992)는 로봇이 주인공인 소설을 여러 편 썼다. 이 소설들에서 로봇은 인간과 잘 지내는, 지능을 갖춘 하인 또는 동료였다. 아시모프는 로봇과 인간의 공존을 위해 모든 로봇이 반드시 따라야 하는 세가지 원칙을 제시했다. 아시모프는 왜 이런 원칙을 만들었을까? 이 로봇 공학 3원칙으로 로봇에 대한 그 당시 사람들의 생각을 알 수 있을까?

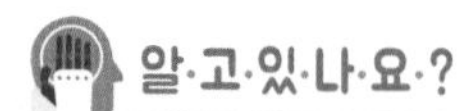

영화에 등장한 로봇 가운데 가장 대표적인 캐릭터는 《금지된 행성》(1956)에 처음 등장한 로비 로봇이다. 이후 로비 로봇은 30편의 영화와 텔레비전 프로에 나왔고, 2004년에 로봇 명예의 전당에 들어갔다. 2017년, 로비 로봇은 경매에서 약 60억 원에 팔렸다. 영화 소품으로는 두 번째로 높은 가격이었다!

1940년, 미국 작가 **해리 베이츠**(1900~1981)가 쓴 단편 소설을 바탕으로 만든 영화 《지구가 멈추는 날》(1951)은 지배자와 지배당하는 자에 대해 조금 다른 시각을 제시한다. 이 영화의 줄거리는 다음과 같다. 워싱턴에 착륙한 비행접시에서 외계인 클라투와 거대한 로봇, 고트가 내린다. 외계인 클라투는 지구의 과학 지

로봇 공학 3원칙

아이작 아시모프는 로봇이 반드시 지켜야 할 세 가지 원칙을 만들었다.

첫째, 로봇은 인간을 해치는 행동을 해서는 안 되고, 인간이 해를 입도록 내버려 둬도 안 된다.
둘째, 로봇은 인간의 명령이 첫째 원칙에 어긋나지 않는 한 그 명령에 복종해야 한다.
셋째, 로봇은 첫째 원칙과 둘째 원칙에 어긋나지 않는 한 자신을 보호해야 한다.

1985년 출판된 책 《로봇과 제국》에서 아시모프는 위의 세 원칙에 앞서는 다른 원칙 하나를 추가했다. '로봇은 인류를 해하는 행동을 해서는 안 되고, 인류가 해를 입도록 내버려 둬도 안 된다.'는 원칙이다.

도자들에게 메시지를 전달하러 왔으나 인간의 총에 맞아 끝내 죽음을 맞이한다. 로봇 고트는 클라투를 구해 잠시 살려 놓는데, 클라투는 이때 자신이 로봇 평화 유지군을 조직한 행성 연합 대표로 왔으며 고트가 평화 유지군의 일원이라고 밝힌다. 이들의 요구는 멸망하고 싶지 않으면 지구 역시 행성 연합에 가입해 로봇의 보호를 받으라는 것이다. 이후 둘은 모든 폭력을 완전히 끝내겠다는 목적 아래 움직인다.

《지구가 멈추는 날》이 개봉했을 무렵, 미국과 소련은 **냉전**(1947~1991) 중이었다. 냉전은 **제2차 세계 대전**(1939~1945)이 끝난 뒤, 미국과 소련을 중심으로 여러 강대국이 경쟁하듯 대량 살상이 가능한 크고 강력한 무기를 만드는 일에 열을 올리며 시작됐다. 여기에는 제2차 세계 대전을 끝내면서 미국이 일본에 떨어뜨린 **원자 폭탄** 2개가 영향을 미쳤다. 순식간에 수백만 명을 죽이는 원자 폭탄의 무시무시한 위력을 본 나라들에서 '안전하게 나라를 지키기 위해서는 우리에게도 저런 무기가 필요하다' 고 생각한 것이다. 원자 폭탄이 폭발하며 제2차 세계 대전은 끝났지만, 전쟁이 끝난 것은 아니었던 셈이다. **한국 전쟁**(1950~1953)이 일어난 것도 이 시기였다.

> **“ 냉전 시대 발표된 SF 작품들은 지구 평화를 위해 기술과 인간을 통제할 방법을 찾으려 했다. ”**

하지만 그 방법을 찾기는 쉽지 않았다. 더불어 원자 폭탄에 대한 공포 역시 쉽게 사라지지 않았다. 원자 폭탄이라는, 이 끔찍한 신기술 개발의 코드명은 '맨해튼 프로젝트'였는데, 이 코드명은 1986년 개봉한 영화의 제목으로도 쓰였다. 과학 박람회에 참가하려 원자 폭탄을 만드는 고등학생의 이야기였다. 이후로도 원자 폭탄으로 인한 지구 멸망 이야기는 꾸준히 등장했지만, 아시모프나 《지구가 멈추는 날》을 쓰고 만든 사람들은 궁극적으로 기술 발전이 모든 문제를 해결하리라 생각했다.

《지구가 멈추는 날》 원작의 예고편을 볼 수 있다. 예고편을 보고 나서 영화가 보고 싶어졌는지, 그렇지 않은지 생각해 보자. 그렇게 생각하는 이유도 고민해 보자.

《지구가 멈추는 날》 예고편

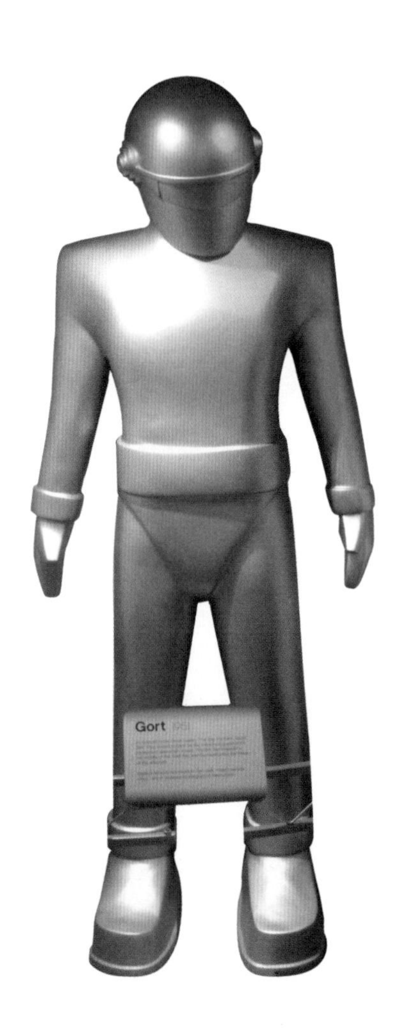

▲ 1951년 영화 《지구가 멈추는 날》에 나온 고트라는 로봇의 복제품

1960년대와 1970년대

1960년대와 1970년대는 엄청난 기술 발전과 더불어 커다란 사회 변화도 있었다. 미국과 소련은 여전히 냉전에 열중한 채 치열하게 원자 폭탄 만들기 경쟁 중이었지만, 1960년대 중반 **베트남 전쟁**(1955~1975)의 규모가 커지면서 전쟁에 반대하는 미국인도 차츰 늘어났다. **시민 평등권 운동**은 절정에 달했고, **여성 해방 운동**은 점점 더 많은 지지를 받았다. 미국의 흑인들은 기본권을 얻으려 싸웠고, 성공했다. 인류는 우주로 진출해서 달 위를 걸었다. 이 모든 변화 속에서 사람들은 해답과 즐거움을 찾으려 SF로 눈을 돌렸다.

이 같은 와중에 소설가 또는 영화 감독들은 인공지능이 어떤 식으로든 잘못된다면 무슨 일이 벌어질까 상상했다. 그 결과, 《2001 스페이스 오디세이》(1968)의 인공지능 할 9000이 탄생했다. 대표적인 영화 속 인공지능으로 손꼽히는 할 9000은 우주선의 컴퓨터다. 할 9000은 대원들보다 임무가 더 중요하다는 지시를 받았기 때문에 어떤 대원이 임무를 수행할 능력이나 의지가 없다고 판단되면 그 대원을 살해한다. 그렇게 프로그래밍돼 있기 때문이다. 결국 인간의 통제를 벗어난 할 9000은 승무원 대부분을 살해한다.

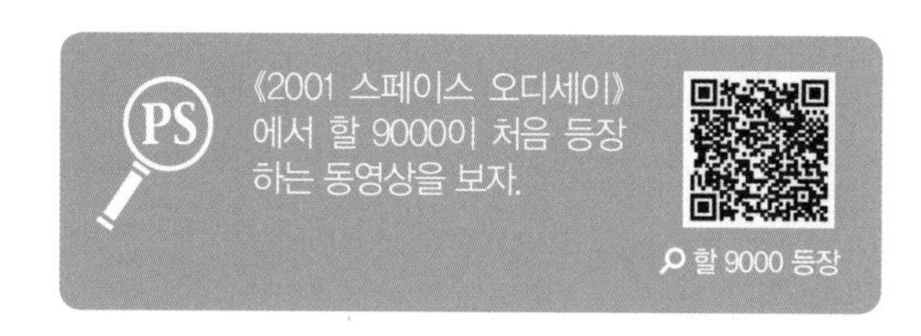

PS
《2001 스페이스 오디세이》에서 할 9000이 처음 등장하는 동영상을 보자.
할 9000 등장

1970년대에는 《웨스트월드》(1973)와 《미래 세계의 음모》(1976) 같은 영화들이 로봇 때문에 세상이 어떻게 잘못될 가능성이 있는지 보여 줬다. 일단 《웨스트월드》는 부유한 사람들을 위한 휴가지로써 서부극을 테마로

역사가 대중매체와
이처럼 관련이 깊다니,
정말 멋지다!

우리가 미래 로봇 친구들에게
좋은 인상을 줄 수 있으면 좋겠어!

물론 현재의
로봇 친구들에게도!

만들어진 놀이공원이 배경이다. 공원 직원은 안드로이드들인데, 컴퓨터가 망가지면서 총잡이 안드로이드 하나가 방문객들에게 총을 쏘기 시작한다.

영화 《위험한 게임》(1983)에서 핵무기 발사 기능이 있는 인공지능은 어린 해커와 게임하다 우연히 세계를 핵전쟁 일보 직전까지 내몬다. 인공지능의 핵무기 발사를 막기 위해 주인공 해커는 인공지능에게 애초부터 그 게임에서 이길 방법이 없다는 사실을 깨우쳐 줘야 했다. 《위험한 게임》 이후 개봉 영화들은 미래 기술에 대한 두려움과 핵전쟁에 대한 불안감을 담고 있다.

알·고·있·나·요·?

C-3PO와 R2-D2의 디자인은 1972년 영화 《싸일런트 러닝》의 영향을 많이 받았다. 《싸일런트 러닝》에 나오는 로봇들의 이름은 휴이, 루이, 듀이였다.

물론 기술이 가져다줄 미래를 긍정적으로 그리는 작품도 많이 있었다. 영화 《스타워즈》(1977)에는 영화 역사상 가장 사랑받는 두 로봇 C-3PO와 R2-D2가 등장한다. C-3PO는 올바른 예의범절이나 관습을 지킬 수 있도록 도와주는 휴머노이드 로봇이며, R2-D2는 우주선에서 필요한 여러 일을 처리하도록 만들어진 아스트로멕 드로이드다. 이 둘은 현재까지 개봉한 8편의 시리즈에 모두 출연했으며, 늘 반란군 편에서 중요한 역할을 했다.

▲ 《스타워즈》에 등장하는 로봇들: R2-D2, Bb-8, C-3PO

진짜 스타워즈

냉전이 한창이었던 1980년대, 미국 로널드 레이건 대통령이 전략 방위 구상을 제안했는데, 이 전략의 별명이 '스타워즈'였다. 이 전략은 인공위성을 활용해 소련의 핵미사일 격추 방어망을 구축하자는 것이었다. 그러나 논란이 매우 컸던 탓에 늘 연구 단계에서 끝이 났다. 당시 실제로 그런 시스템을 구축할 기술이 없었던 것도 한 원인이지만, 기술이 있었다 하더라도 실제로 구축되기는 어려웠을 것이다. 많은 전문가가 지적하듯이 미국과 소련의 외교 관계가 악화될 위험이 있었기 때문이다.

로봇과 인공지능은 TV 드라마에도 종종 등장한다. 매우 오래 방영된 영국 드라마 《닥터 후》에도 다양한 형태의 인공지능이 등장했다. 이 중 가장 인상적인 인공지능은 사람과 구분할 수 없는 휴머노이드가 아니라 주인공 의사의 충직하고 사랑스러운 로봇 반려견 K9다. 평상시 K9는 귀엽게 꼬리를 흔들며 뛰어다니지만, 알고 보면 레이저 무기를 갖추고 있다. 이 귀여운 인공지능 강아지 K9는 1977년 TV에 처음 등장해 2009년까지 《닥터 후》와 이 드라마에서 파생된 다양한 드라마에 자주 등장했다. 드라마 작가들은 로봇 강아지 K9의 변종도 여러 마리 만들어 냈다.

20세기 말

20세기 말 작품들에서는 인공지능이 우연히 혹은 진화를 통해 등장한다. '컴퓨터가 점점 더 복잡해지고 서로 연결되다 보니 어느 날 번쩍 눈을 뜬다'는 식이다. 반란을 일으켜 주인인 인간을 정복하기도 한다. 대표적인 예가 영화 《터미네이터》(1984)다. 이 영화에서 스카이넷은 **인공위성**과 핵무기 포함 모든 방어 시스템을 관리하려고 만든 컴퓨터 시스템이다. 그런데 전원을 켠 지 얼마 되지 않아 스카이넷에게 의식이 생긴다. 스카이넷은 자신의 의식을 없애려는 관리자의 행위를 살해 위협으로 받아들인다. 이후 스카이넷은 모든 인간이 자신을 파괴하려 한다고 단정하고, 핵 공격을 시작한다. 수십억의 사람이 죽은 다음, 스카이넷은 인간을 노예로 만든다. 심지어 터미네이터라고 불리는 로봇을 과거로 보내 인간 지도자 존 코너의 출현을 막으려 한다.

PS
《터미네이터》의 예고편을 보자.
《터미네이터》 예고편

영화 《블레이드 러너》(1982)는 반이상적 세계로 전락한 2019년 캘리포니아 주 로스앤젤레스를 배경으로 한다. 레플리컨트라고 불리는 복제 인간들은 이곳 공장에서 만들어져 지구 밖 식민지에 노동자로 보내진다. 이들이 만들어지는 목적은 로봇과 다름없다. 자원 채굴 같은 특정 작업에 투입시키기 위해서다. 생명체지만 기본권도 없고 수명도 매우 짧다. 그런데 몇몇 레플리컨트가 탈출해 금지 구역인 지구에 들어온다. 이 레플리컨트들은 스스로를 인간으로 인식하며 자신의 존재에 대해 궁금해한다. 주인공이자 경찰관인 릭 데커드는 이들을 잡기 위해 추적하다 레이첼이라는 레플리컨트를 만난 다음 생각을 바꾸고 함께 도망친다.

필립 K. 딕(1928~1982)의 1968년 단편 소설을 바탕으로 만들어진 《블레이드 러너》는 전 시대를 통틀어 최고의 SF 영화 가운데 하나로 손꼽힌다. 2017년에 속편 《블레이드 러너 2049》가 나왔다.

《블레이드 러너》까지는 현실 세계에 인공지능 또는 인조인간이 등장했다면, 《뉴로맨서》(1984)부터는 가상 현실이라는 개념과 용어가 등장한다. 이 놀랍고 새로운 소설은 우리를 처음으로 가상 현실 공간으로 이끌었다. 작가인 **윌리엄 깁슨**(1948~)은 깁슨은 이 공간을 매트릭스라고 불렀다.

《뉴로맨서》의 주인공은 인공지능 윈터뮤트에게 선택된, 한물간 해커다. 윈터뮤트는 다른 인공지능인 뉴로맨서와 하나로 합쳐져 **초지능**이 되길 원하는데, 자신을 초지능으로 만들어 줄 존재로 해커의 팀을 원한다. 매트릭스에서 원래 그런 일은 불법이지만, 해커 팀은 성공한다. 다시 태어난 인공지능은 자신 같은 다른 인공지능을 찾기 시작한다. 뒤이어 나온 책들에서 매트릭스는 지각 있는 존재, 즉 인간과 인공지능이 모두 사는 곳으로 그려진다.

《뉴로맨서》가 우리를 처음으로 가상 현실로 데려갔다면 영화 《매트릭스》(1999)는 우리가 가장 두려워하는 것을 보여 준다. 우리가 현재 살고 있는 이 세상이 사실은 가상 현실이 아닐까 하는 두려움 말이다. 이 영화의 주인공인 네오는 낮에는 평범한 직장인이지만 밤에는 해커다. 여기까지는 배경이 평범한 1990년대로

사이버펑크

깁슨의 《뉴로맨서》는 '사이버펑크'라는 SF의 새로운 장르를 구축했다. 사이버펑크는 펑크 문화와 해커 문화의 요소들을 결합한 것으로 어떤 작가가 말한 것처럼 기술은 발전하나 인간 삶의 질은 낮아지는 현상(Hightech Low life)을 다루기도 한다. 사이버펑크 이야기들에는 해킹, 사이버 공간, 인공지능, 거대 기업 등이 단골 주제로 등장하며, 이야기 속 주인공은 대개 기술 변화로 인해 빠르게 변화하는 세상에서 혼자 지낸다. 다른 사이버펑크 작가들로는 브루스 스털링(1954~), 닐 스티븐슨(1959~), 팻 캐디건(1953~) 등이 있다.

▲ 사람들이 진짜 세상이라고 믿지만, 사실은 컴퓨터 프로그램인 가상 현실 공간 매트릭스를 시각적으로 표현한 것.

보인다. 그런데 반란군 지도자 모피어스가 등장하면서 네오의 일상은 완전히 달라진다.

모피어스는 네오에게 파란 약과 빨간 약 중 하나를 고르게 한다. 파란 약을 먹는다면 모두 잊고 예전처럼 살 수 있지만, 빨간 약을 먹으면 진짜 세상을 볼 수 있을 거라면서 말이다. 네오는 빨간 약을 선택하고, 자신을 포함한 대다수 인간의 의식이 컴퓨터 시뮬레이션인 가상 세계, 즉 매트릭스에 연결돼 있다는 사실을 알게 된다. 의식은 매트릭스에 프로그래밍 된 1990년대의 삶을 체험 중이지만 실제 몸은 거대한 기계에 붙박여 있다.

왜 이런 일이 벌어졌을까? 영화 《터미네이터》에서처럼 《매트릭스》에서도 인공지능이 수백 년 전에 세상을 정복했다. 인공지능은 인간을 에너지 공급용 노예로 삼았으며 행복하다는 착각에 빠져 계속 노예로 지내도록 매트릭스를 만들었다. 이 같은 사실을 알게 된 네오는 모피어스, 트리니티 같은 동료들과 함께 인간 해방을 위해 싸우기 시작한다.

인공지능을 소재로 한 작품들의 배경이 실재 현실에서 가상 현실로 넘어가던 20세기 후반에는 기술이 매우 빠르게 변하는 중이었다. 단적으로, 1991년부터 인터넷의 상업적 이용이 가능해졌다. 인터넷 기술 자체는 1960년대 말부터 존재했지만 이용 가능한 사람은 정부와 대학교 연구원들뿐이었다. 그러던 것이 1989년 **팀 버너스리**(1955~)가 월드 와이드 웹을 개발하며 누구나 쓸 수 있어진 것이다.

" 1990년대에 인터넷 열풍이 불었다. "

데이터 소령

20세기 말, 모든 작가가 인공지능을 우울하게 바라보았던 것은 아니다. 텔레비전, 책, 영화 등에 사랑스러운 로봇이나 안드로이드도 많이 나온다. 가장 좋은 예는 1987년부터 1994년까지 방영된 《스타트렉: 넥스트 제너레이션》에 나온 데이터 소령이다. 데이터 소령은 우주 함선 USS 엔터프라이즈 호에서 장교로 일하는 휴머노이드 로봇으로, 완전한 자각 능력이 있고 동료들에게 소중한 대원으로 대접받는다. 물론 로봇이라 때때로 인간의 감정을 잘 이해하지 못해 어려움을 겪지만 말이다.

인터넷뿐만 아니라 휴대전화 기술도 발전하고 있었다. 1990년대 말, 많은 사람이 이메일 이용이 가능한 컴퓨터뿐만 아니라 휴대전화도 가지고 있었다. 《매트릭스》 등 몇몇 영화는 이렇게 급속도로 발달하는 기술의 위험을 경고하며 동시에 새로운 가능성도 보여 주기 시작했다.

21세기 초

21세기 들어 우리의 일상에서 인공지능의 비중이 점점 더 커지고 있다. SF 영화들도 이런 현실을 반영하기 시작했다. 작가들은 여전히 기술의 위험에 대해 수많은 상상 속 이야기를 지어낸다. 그러나 요즈음에는 인공지능을 갖춘 존재들의 생각하는 과정을 다룬 작품들이 늘어나고 있다. 예를 들어, 영화 《바이센테니얼 맨》(1999)과 《에이.아이..》(2001)는 인간이 되고 싶어 하는 로봇의 이야기를 다룬다.

《월-E》(2008)처럼 좀 더 최근에 만들어진 영화들에도 감정을 느끼는 로봇이 등장한다. 먼 미래, 황량한 지구에는 로봇 월-E와 애완곤충 바퀴벌레만이 남아 있다. 그러던 어느 날 이브라는 정찰 로봇이 생명의 흔적을 찾기 위해 지구로 온다. 이브는 지구에 아직 생명체가 살 수 있다는 증거로 작은 나무 한 그루를 채취한다. 월-E는 이브를 따라 우주선으로 간다. 우주선에는 남은 인류가 인간의 통제를 벗어난 인공지능 오토의 보살핌을 받으며 살고 있다.

> “오토는 인간을 보호하는 데서 한 발 더 나아가
> 응석까지 받아 주도록 프로그래밍 됐다.”

오토의 보살핌을 받으며 인간은 게을러졌다. 오토와 로봇들이 모든 것을 해 주기 때문이다. 오토는 지구가 위험하다고 생각하기 때문에 인간이 지구로 돌아가는 것을 원하지 않는다. 월-E와 이브는, 인간을 지구로 돌려보내기 위해 오토를 뛰어넘어야 한다. 과연 《월-E》는 기술과 인간의 관계에 대해 어떤 이야기를 하고 있는 것일까?

▼ 월-E 모양 장난감

사진 제공: Ravi Shah (CC BY 2.0)

인공지능과 로봇에 대한 영화들

- 메트로폴리스(1927)
- 지구가 멈추는 날(1951)
- 금지된 행성(1956)
- 2001 스페이스 오디세이(1968)
- 웨스트월드(1973)
- 스타워즈(1977)
- 터미네이터(1982) 청소년 관람 불가
- 위험한 게임(1983)
- 쇼니 5 파괴 작전(1986)
- 로보캅(1987)
- 아이언 자이언트(1999)
- 매트릭스(1999)
- 바이센테니얼 맨(1999)
- 에이. 아이. (2001)
- 아이, 로봇(2004)
- 로봇(2005)
- 트랜스포머(2007)
- 월-E(2008)
- 로봇 앤 프랭크(Frank; 2012)
- 빅 히어로(2014)
- 어벤저스: 에이지 오브 울트론(2015)

SF 작가들은 오랜 세월 생각하는 기계와 로봇에 대해 상상하며 여러 이야기를 써왔다. 어떤 이야기는 때론 악몽처럼 끔찍하거나 언제 닥칠지 모르는 위험을 경고하지만, 어떤 때는 그저 미래에 있을 법한 일을 보여 줄 따름이다. 대부분 현실과 거리가 있는 이야기지만, 대개 사람들이 지금 느끼는 희망과 공포를 반영해서 보여 준다.

상상은 현실에 해를 끼치지 않는다. 그러므로 SF 소설이나 희곡, 영화, 드라마 등은 기계가 어떤 과정을 거쳐 똑똑해지는지, 똑똑한 기계가 등장하면 무슨 일이 일어날지, 그런 일이 언제 일어날지를 안전하게 마음껏 상상해 볼 수 있는 공간이다. 인공지능이 점점 더 우리 삶의 일부로 자리 잡고 있으니 우리의 질문도 앞으로는 점점 달라질 것이다.

생각을 키우자!

로봇이나 인공지능에 대한 사람들의 생각은 SF 소설이나 영화에 어떻게 반영됐을까?

탐·구·활·동

나만의 로봇 공학 원칙 만들기

아이작 아시모프의 로봇 공학 3원칙은 75년도 더 된 단편 소설 〈런어라운드〉에 처음 등장했다. 오늘날 로봇에도 그의 원칙을 계속 적용하는 것이 적절할까? 지금도 여전히 그 원칙들이 필요할까?

1 > 로봇 공학 3원칙을 조사해 보자.

① 아시모프는 왜 로봇 공학 3원칙을 만들었을까?

② 다른 작가들은 로봇에 대해 어떤 규칙을 만들었을까?

③ 아시모프의 로봇 공학 3원칙을 그대로 사용한 작품으로는 무엇이 있을까? 예를 들어, 《우주 소년 아톰》도 그런 작품 중 하나다. 《우주 소년 아톰》은 오랫동안 연재된 일본 만화로 TV와 극장용 만화로도 제작됐다.

2 > 아시모프의 로봇 공학 3원칙이 현재에도 들어맞을까?

① 오늘날의 인공지능과 로봇에는 어떤 종류의 안전 장치가 있을까?

② 로봇이나 인공지능이 인간을 해치지 못하도록 어떤 방법을 사용할까?

3 > 나 자신만의 원칙을 세워 보자.

① 인간을 보호하기 위해 로봇이나 인공지능에게 적용할 단순한 원칙들로 무엇이 있을까?

② 자신을 지키기 위해 로봇이나 인공지능에게 적용할 원칙들은 무엇이 있을까?

③ 생각한 원칙들의 목록을 만들고 중요도에 따라 순서를 정하자.

이것도 해 보자!

나만의 원칙으로 어떤 밈을 만들 수 있을까 생각해 보자. 밈을 만들었으면 SNS에 올려 다른 사람들과 공유해 보자!

탐·구·활·동

인공지능이나 로봇에 관한 글쓰기

사람들은 수백 년 동안 글로 로봇이라는 소재를 다뤄 왔다. 나라면 어떤 이야기를 쓸 수 있을까? 지금부터 50년, 아니 100년 후에 인공지능을 상상해 보자. 어떻게 시작해야 할지 막막하다면 자동으로 줄거리를 만들어 주는 랜덤 플롯 생성기를 만들어 보자!

1> **96쪽에 있는 테마 중 6개를 선택해 목록을 만들어라.** 각각 1~6까지 번호를 붙이자.

2> **이야기의 배경으로 6개를 정해서 목록을 만들어라.** 각각 1~6까지 번호를 붙이자. 배경은 화성, 소행성, 고대 로마 등이 될 수 있다.

3> **이야기의 장르를 6개 선택해서 목록을 만들어라.** 각각 1~6까지 번호를 붙이자. 미스터리, 탐험, 추리, 환상, 유머 등이 될 수 있다.

4> **등장인물이나 인물 유형을 6개 선택해서 목록을 만들어라.** 각각 1~6까지 번호를 붙이자. 이때 반드시 로봇과 인공지능이 포함돼야 한다.

5> **주사위를 던져 나온 수에 따라 각 목록에서 하나씩 뽑자.** 임의로 뽑힌 것들을 모으면 줄거리가 된다. 예를 들어, 만들어진 줄거리가 화성에서 엘프들과 함께 로봇이 반란을 일으키는 미스터리일 수도 있다.

6> **이야기가 마음에 들지 않아도 걱정할 필요 없다.** 주사위를 다시 던져서 다른 것을 선택하거나, 아니면 마음에 들 때까지 위의 목록들을 계속 고친다.

이것도 해 보자!

인공지능이 어떤 과정을 통해 똑똑해졌는지, 인공지능이 지금처럼 똑똑해진 것은 잘된 일인지 자신만의 글을 써 보자. 우리 사회가 인공지능을 어떻게 바라보는지도 생각해 보자. 굳이 길게 쓸 필요는 없다. 그림 그리기를 좋아한다면, 만화로 만들거나 삽화를 그려 넣어도 좋다.

탐·구·활·동

SF 영화 비교하기

SF 영화는 인공지능과 로봇을 시대에 따라 다른 시각에서 다루어 왔다. 어떤 영화는 인공지능과 로봇을 세계를 정복할 수도 있는 공포의 대상으로 다루지만, 어떤 영화는 로봇을 인간에게 도움이 되며 사랑스럽기까지 한 존재로 다룬다. 지금부터 영화 두 편을 선택해 비교해 보자.

1 > **106쪽에 있는 영화 중 두 편을 선택하자.** 예를 들어, 《스타워즈》와 《2001 스페이스 오디세이》를 선택할 수 있다. 영화를 볼 때, 특히 영화 속 인공지능이나 로봇을 잘 살펴보자. 이제 두 영화가 어떻게 인공지능이나 로봇을 다루는지 비교해 보자.

2 > **비교할 항목을 3, 4개 선택하자.** 예를 들어, 영화의 소재, 인공지능을 대하는 방법, 인공지능의 지능 수준 등을 비교해 볼 수 있다. 만일 소재를 비교한다면, '한 영화는 인공지능이 세계를 정복하는 것을 소재로 하고 다른 영화는 로봇 하인을 소재로 한다' 같이 비교해 볼 수 있다.

3 > **두 영화를 비교하는 표를 만들자!** 비슷한 점은 무엇이고 다른 점은 무엇인지 생각해 보자.

이것도 해 보자!

이제 로봇과 인공지능을 다룬 두 텔레비전 프로그램을 선택해 비교해 보자. 예를 들어, 《스타트렉: 넥스트 제너레이션》과 《스타워즈: 클론 전쟁》에서 한 에피소드씩 선택해 볼 수 있다. 두 프로그램의 다른 점과 비슷한 점을 생각해 보자.

6장 중요 단어와 인물

111쪽 **스페이스엑스(SpaceX):** 2002년 설립된 미국의 민간 우주 개발 업체. 2008년 민간 기업 최초로 액체 연료 로켓 '팰컨 1'을 지구 궤도로 쏘아 올렸다. 2016년 4월 로켓 회수에 성공하면서 로켓 재활용 시대를 열었다.

111쪽 **테슬라(Tesla):** 2003년 설립된 미국의 대표적인 전기 자동차 기업. 자율 주행 자동차도 개발하고 있다.

111쪽 **일론 머스크(Elon Musk):** 스페이스엑스와 테슬라의 최고 경영자.

111쪽 **페이스북(facebook):** 2004년 미국에서 설립된 소셜 네트워크 서비스 웹사이트.

111쪽 **마크 저커버그(Mark Zuckerberg):** 페이스북 공동 창업자 겸 최고경영자.

112쪽 **마이크로소프(Microsoft):** 미국의 세계 최대의 소프트웨어 및 하드웨어 기업. 윈도우랑 MS Office 등을 만든다.

112쪽 **빌 게이츠(Bill Gates):** 20세기 후반과 21세기 초 정보 기술 시대를 선도해 온 마이크로소프트의 창업자.

112쪽 **스티븐 호킹(Stephen Hawking):** 20세기를 넘어 21세기까지 이론 물리학을 대표하는 과학자. 우주와 관련된 다양한 이론과 증명을 선보였고, 살아생전 많은 책을 썼다. 대중 과학서 《시간의 역사》가 가장 유명하다.

112쪽 **특이점(singularity):** 인공지능이 매우 발전해서 인간의 지능을 뛰어넘는 순간.

112쪽 **비영리 단체(Non Profit Organization):** 개인적인 이득이 아니라 사회 전체의 이익을 추구하는 기관. 기관 운영 비용은 대개 기부에 의존한다.

112쪽 **버너 빈지(Vernor Vinge):** 미국 SF 작가 겸 컴퓨터 과학자. 1993년 〈다가오는 기술적 특이점〉이라는 논문을 발표했다.

112쪽 **레이 커즈와일(Ray Kurzweil):** 미래학자 겸 구글의 기술 이사. 인공지능을 포함한 기술 발전에 긍정적인 것으로 유명하다.

114쪽 **래리 페이지(Larry Page):** 구글의 공동 창업자 겸 최고경영자.

116쪽 **닉 보스트롬(Nick Bostrom):** 스웨덴 출신의 철학자 겸 영국 옥스퍼드 대학교 교수. 과학과 기술에 관한 철학적인 이야기들로 유명하다.

116쪽 **제한(limit):** 일정한 선을 정하고, 그 선을 넘지 못하게 막는 일.

인공지능을 둘러싼 논란

로봇이 반란을 일으키진 않을까 조금 걱정되는데.
너만 걱정하는 것은 아니야!

로봇에게 지각이 생길까? 로봇이 로봇을 만드는 날이 올까? 그들도 나만큼 TV를 좋아할까?
뭐래……

…네가 체스로 체스터를 이기는 날은 올까?

인공지능이 지금보다 더 발전하면 정말 블록버스터 SF 영화에서처럼 인공지능이 세상을 지배함으로써 인류의 장래가 암담해질까? 아직은 알 수 없다. 그래서일까? 이 질문에 대한 대답은 극단적으로 나뉜다. 지난 몇 년간 컴퓨터 전문가와 기술 전문가들은 물론 과학자들까지 논쟁을 벌이고 있지만, 여전히 사람들의 의견은 제각각이다.

이 중 가장 큰 목소리를 내는 두 사람은 우주 개발 기업 **스페이스엑스**와 전기 자동차 기업 **테슬라**의 창업자인 **일론 머스크**(1971~)와 많은 사람이 이용 중인 SNS **페이스북**의 창업자 **마크 저커버그**(1984~)다. 이 두 사람은 생각이 매우 다르다. 머스크는 인공지능으로 인한 인류의 위기를 경고하는 반면, 저커버그는 인공지능 덕분에 열릴 장밋빛 미래에 대한 전망을 내보인다.

생각을 키우자!

SF에서처럼 언젠가 인공지능이 세상을 지배하는 날이 올까?

인공지능에 대한 우려

일론 머스크는 **마이크로소프트**를 세운 **빌 게이츠**(1955~)나 물리학자 **스티븐 호킹**(1942~2018) 같은 여러 유명인과 함께 인공지능 연구에 신중해야 한다고 강력히 주장한다. 머스크는 과거 알파고를 개발한 딥마인드의 투자자였지만, 인공지능이 인류에 대한 위협이라고도 말한다. 좋은 목적으로 만든 인공지능이더라도 초지능으로 발전해 인류를 파괴할 수 있다는 것이다. 인공지능이 비약적으로 발전해 인간의 지능을 뛰어넘다 못해 아예 인간의 통제를 벗어나는 순간이 오면 무슨 일이 벌어질지 알 수 없다는 의미다. 어떤 사람들은 이런 사건을 **특이점**이라고 부른다.

통제를 벗어난 인공지능은 어떤 존재일까? 특이점과 마찬가지로 이에 대한 해석도 사람마다 다르다. 어떤 전문가들은 통제를 벗어난 인공지능이 컴퓨터 바이러스처럼 난폭하다고 생각한다. 컴퓨터 바이러스는 어떻게든 컴퓨터 시스템을 망가뜨리며 자가 복제로 빠르게 퍼져 나가는 작은 프로그램 또는 알고리즘이다. 대개 비밀번호 복사나 컴퓨터를 쓰지 못하게 잠그는 것 같은 단순한 동작을 하도록 프로그래밍 되지만, 한번 감염되면 완전히 없애기 어렵다.

“머스크는 미래에 그런 일이 일어나지 않도록 인공지능의 안전성을 지키기 위해 오픈 AI라는 비영리 단체를 설립했다.”

특이점

1993년, SF 작가 **버너 빈지**(1944~)가 기술적 ‘특이점’의 개념을 정립했다. 빈지의 정의에 따르면, 특이점은 기술이 발전해 문명이 이전 세대는 알아차릴 수 없을 만큼 높은 수준으로 발전하는 시점을 뜻한다. 특이점은 다양한 기술로 인해 발생할 수 있으며, 특이점이 오면 사회를 이전으로 되돌릴 수 없다. 20세기 후반부터 인공지능이 비약적으로 발전하면서 특이점은 인공지능으로 생긴 특정한 변화를 가리키는 용어로도 쓰이기 시작했다. 일론 머스크 같은 사람들은 특이점이 오면 인공지능이 통제를 벗어나 세상을 지배하리라 생각한다. 하지만 모든 과학자가 특이점이 인류의 종말을 초래하리라 생각하지는 않는다. **레이 커즈와일**(1948~)같은 사람들은 특이점이 인간과 인공지능의 융합이 일어나는 것에 가까우며, 그런 변화가 인류에게 이로울 것이라고 이야기한다. 커즈와일은 특이점이 2045년까지는 일어날 것이라 예상한다.

인공지능은 스스로 작동하고 배우고 적응하도록 설계된다. 인공지능이 스스로를 복제하며 인터넷으로 퍼진다고 상상해 보자. 인공지능은 대개 많은 데이터와 중요한 시스템에 접근할 수 있는 권한을 가지고 있으며 차량이나 군사용 드론에도 접근할 수 있다. 게다가 인공지능은 데이터가 많아질수록 배우는 속도가 점점 빨라진다.

SF 영화에서 인공지능이 보여 주는 자각 능력을 갖추지는 못하더라도 인간의 통제를 벗어나는 순간 빅데이터를 기초로 모두 연결된 세상에 엄청난 혼란을 일으킬 것이다. 인공지능이 자각 능력을 가진 초지능이 될 수 있을지 없을지는 누구도 알 수 없다.

▼ 기술 전문가들이 2015년 캘리포니아 주 마운틴뷰에서 열린 '효율적 이타주의 글로벌 콘퍼런스'에서 인공지능의 발전과 그에 따른 위험에 관해 이야기한다.
사진 제공: Robbie Shade (CC BY 2.0)

인공지능에 대한 낙관

이 논쟁의 반대쪽에 마크 저커버그와 딥마인드, 구글의 창립자들이 있다. 이들은 인류 멸망 같은 인공지능 시나리오들이 과장됐다고 생각한다. 특히 구글 창립자 **래리 페이지**(1973~)는 인공지능이 인간에게 삶의 질을 높여 주고 좀 더 보람 있는 일을 할 시간을 줄 것으로 믿는다.

아직 인류가 머스크가 걱정하는 수준의 인공지능에는 근처에도 못 갔다고 반박하는 사람들도 많다. 오늘날 인류는 초지능은커녕 앨런 튜링이 꿈꾸던 강한 인공지능조차 여전히 만들지 못했다. 지금의 인공지능들은 고양이 그림을 인식할 수 있지만, 고양이가 실제로 무엇인지에 대해서 여전히 아무 생각이 없다. 고양이가 무엇인지 배우려는 의지 또한 없다. 하지만 많은 전문가가 초지능이 곧 나타나지는 않는다 하더라도, 페이스북 같은 사이트에서 기타 위험을 전혀 고려하지 않고 인공지능을 개발하거나 인공지능 알고리즘을 사용하는 것은 무책임한 행동이라고 생각한다.

“ 과연 인공지능을 계속 개발해도 되는 것일까? ”

▼ 페이스북이 주최한 'F8 콘퍼런스'의 무대에 오른 마크 저커버그 사진 제공: Maurizio Pesce, (CC BY 2.0)

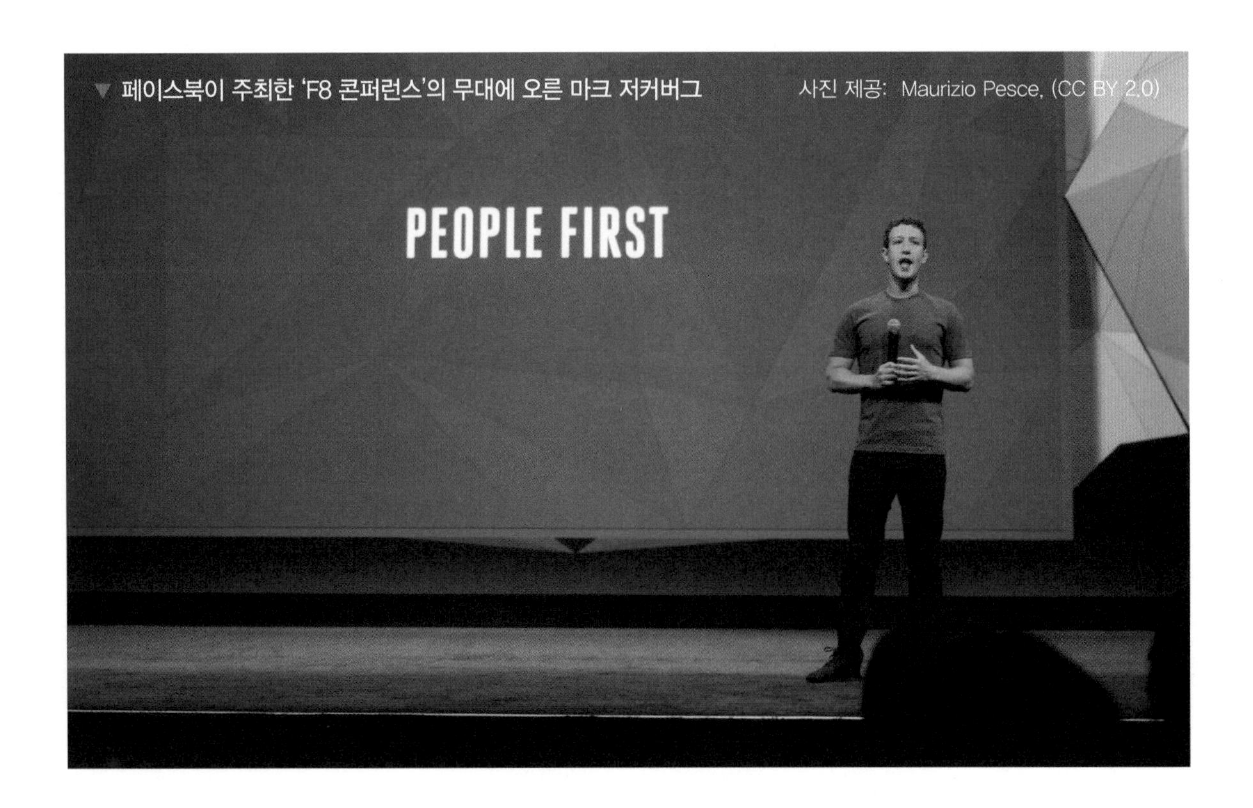

인공지능의 안전성

오픈 AI, 삶의 미래 연구소, 기계 지능 연구소 등과 같은 단체는 인공지능의 안전성을 연구하기 위해 세워졌다. 삶의 미래 연구소를 예로 들면, 이 단체는 현재도 앞으로도 인공지능의 영향이 사회에 유익하도록 유지하는 연구에 집중한다. 단기적 목표는 일단 시스템이 멈추거나 해킹당해도 인공지능 시스템들이 계속 제 역할을 충실히 수행하도록 만드는 것이다.

"만약 인공위성이나 군사용 드론이 해킹을 당한다면 어떤 일이 일어날까?"

덧붙여 연구자들은 인공지능이 오랜 시간이 지난다고 해서 감정을 가지리라 생각하지 않지만, 아무런 악의 없이도 위험한 존재일 수 있다고 생각한다. 예를 들어, 누군가 자율 주행 자동차에게 가장 빠른 방법으로 공항에 가도록 말했다고 가정해 보자. 안전장치가 없다면 그 차는 무조건 공항에 일찍 도착하기 위해 제한 속도도 무시하고 교통사고를 내며 달릴 것이다!

PS
자율 주행 자동차
최초의 사망사고
기사를 읽어 보자.
첫 자율 주행
자동차 사망 사고

인공지능 안정성에 관한 장기 연구는 여러모로 인류가 진정한 의미의 강한 인공지능을 만들어 냈을 때 무슨 일을 해야 하는지와 관계가 있다. 어떻게 하면 인공지능의 목표가 우리의 목표와 같도록 만들 수 있을까? 어떻게 안전장치를 갖춘 인공지능을 만들까? 인공지능의 안전성에 대한 이런 불안 때문에 2019년 5월 경제협력개발기구는 최고 의사 결정 기구인 각료 이사회에서 인공지능 권고안을 공식 채택하기도 했다. 국제기구에서 최초로 수립된 인공지능 권고안이다.

경제협력개발기구 이사회 권고안 주요 내용

일반 원칙		정책 권고 사항	
	• 책임성		• 국제협력
	• 강인성과 안전성		• 디지털 생태계 조성
	• 인간가치와 공정성		• 연구 개발에 대한 투자
	• 투명성과 설명가능성		• 혁신을 위한 유연한 정책환경
	• 포용성과 지속가능성		• 인적역량 배양과 일자리 변혁 대응

종이 클립 시나리오

옥스퍼드 대학교의 인류 미래 연구소 소장 **닉 보스트롬**(1973~)은 통제를 벗어난 인공지능이 일으킬 수 있는 가장 극단적인 시나리오들을 만들어 낸다. 그중 하나가 종이에 끼우는 클립 시나리오다.

클립을 만들도록 프로그래밍 된 인공지능이 있다고 상상해 보자. 그 인공지능은 일할수록 클립 만드는 일에 점점 더 똑똑해진다. 클립 만들기에 초지능을 갖게 된 인공지능은 모든 것을, 심지어 인간까지 재료로 사용해 클립을 만들기 시작한다. 이 인공지능은 우주로 진출한 다음 우주 전체에 클립이 쫙 깔릴 때까지 만나는 모든 것을 클립으로 만든다. 보스트롬 역시 정말로 이런 일이 일어나리라 생각하지는 않을 것이다. 이 시나리오는 인공지능에 **제한** 장치를 내장하는 것이 얼마나 중요한지 보여 주기 위한 일종의 상상 실험이다.

알·아·봅·시·다·!

만일 인공지능에게 클립 100만 개를 만든 다음 멈추라고 한다면 어떨까?

보스트롬은 많은 다른 전문가처럼 인공지능이 발전함으로써 초지능이 출현할 수 있고, 초지능에게 인간은 불필요한 존재일 수 있다고 이야기한다. 그로 인해 우리가 꿈에도 생각하지 못했던 문제가 발생할 수도 있다고 지적한다. 하지만 보스트롬이 던지는 질문은 대부분 인공지능이 미래 인간 사회에 일으킬지도 모르는 어마어마한 변화에 관한 것들이다. 인공지능이 현재 혹은 매우 가까운 미래에 인간에게 끼칠 즉각적인 효과라고 보기는 어렵다.

그건 사생활 침해라고!

많은 사람이 회사의 개인 정보 사용을 불편하게 여긴다. 데이터 해킹부터 인공지능이 데이터에 접근해 권한을 넘어서는 짓을 하지는 않을까까지 심각하게 걱정하기 때문이다. 인공지능 프로그램들은 일반인들이 알지도 못하는 온갖 방법으로 데이터를 모으고 사용하므로 더 심각하게 사생활 침해에 대한 우려를 일으킨다.
예를 들어, 델라웨어 주는 순찰차에 스마트 카메라를 설치했다. 이는 범죄에 대처하기 위해 영상 기반 인공지능 사용이 증가하는 추세임을 보여 준다. 설치된 카메라로 자동차 번호판 등 도망자를 잡거나 실종 아동을 찾는데 도움이 될 만한 것들을 찍는다. 인공지능은 수배중인 차나 범죄자를 찾기 위해 찍힌 사진을 검색한다. 상점들에서도 강도나 화재 등을 자동 감지하는 용도로 이 카메라를 사용할 수 있으며, 가게 물건을 슬쩍할 가능성이 있는 잠재적 좀도둑을 예상하는 용도로도 사용할 수 있다. 문제는 이 인공지능 영상이 불법적인 프로파일링에 악용될 수도 있다는 사실이다.

직업에 관한 논란

반면, 많은 사람이 인공지능이나 로봇의 세계 정복보다는 이들로 인해 실직하는 상황을 더 두려워한다. 예를 들어, 자율 주행 자동차는 택시나 트럭의 운전기사를 대체할 수 있다. 법률 문서를 분석하는 인공지능은 법률가를 돕는 법률 사무 보조원을 대체할 수 있다. 전문가들 대부분은 인공지능이 어떤 식으로든 고용 시장에 혼란을 일으키리라 예상한다. 사실상 이미 그런 일이 벌어지고 있다. 그런데 결말에 대해서는 학자마다 생각이 다르다. 어떤 사람들은 인공지능이 결국 수많은 사람을 실업자로 만들 것이라 생각하지만, 또 다른 사람들은 인공지능 덕분에 노동자들이 반복적이거나 지루한 작업에서 벗어나 더 생산적인 일을 할 것으로 생각하는 것이다.

직업에 대한 이 같은 논쟁은 예전에도 있었다. 기술은 산업혁명이 처음 일어났을 때에도 고용 시장을 어지럽혔다. 18세기와 19세기의 신기술은 증기의 힘으로 움직이는 기계였다. 이 기계 때문에 공장들이 생겨났고, 상품의 대량 생산이 가능해졌다. 공장이 없을 때 사람들은 직물, 의류, 가구 등을 손으로 만들었다. 그러나 공장이 생겨나며 많은 작업이 자동화됐고, 장인들은 직업을 잃거나 더 낮은 임금을 받으며 공장에서 일했다. 자동화는 대량 실업에 대한 공포를 널리 퍼뜨렸고, 사람들은 겁을 먹었다. 그러나 공장은 새로운 일자리를 만들었고, 많은 사람은 결국 그런 일을 찾아 도시로 이동했다.

러다이트는 기술을 반대하거나 두려워하는 사람을 일컫는 말이다. 원래 러다이트는 영국 섬유공장에서 일하던 노동자들로 그들은 19세기 초 공장들이 자신들이 하던 일을 자동화하는 것에 반대해 저항했다. 그들은 도움을 요청해도 정부가 들어주지 않자, 공장에 침입해 기계를 파괴했다.

> “경제학자와 역사학자 들은 우리가 지금까지 세 번의 산업 혁명을 겪었고, 지금 또 다른 산업 혁명이 시작되는 시점에 있다고 생각한다.”

새로운 기술이었던 증기, 전기, 컴퓨터가 세 번의 산업 혁명을 각각 일으켰다. 네 번째 산업 혁명은 여러 신기술과 결합된 인공지능과 관련이 있다. 일반적으로, 산업 혁명이 있을 때마다 사회 전체적으로는 생산이 늘어 사람들의 삶이 더 풍족해졌다. 좀 더 적은 수의 사람들로도 같은 일을 할 수 있었다. 예를 들어, 산업 혁명 이전에 사람들은 대부분 농장에서 일했다. 오늘날엔 오직 2%의 사람들만이 농장에서 일하지만, 식량 생산량은 더 많아졌다.

4차 산업 혁명

전문가들은 지금까지 네 번의 산업 혁명이 있었다고 생각한다.

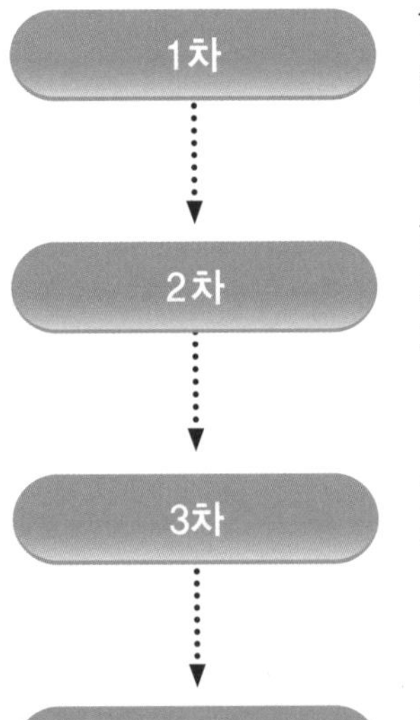

18세기와 19세기: 증기기관이 사회를 농업사회에서 산업 사회 및 도시 사회로 변화시켰다.

1870년~1914년: 전기와 조립라인들 덕분에 제1차 세계 대전이 일어나기 전까지 성장기가 있었다. 이때 전화, 전기 장치들, 철도의 보급, 석유, 내연기관 등과 같은 거대한 기술적 변화가 있었다.

1940년대~현재: 디지털 기술이 사회에 큰 변화를 일으켰다. 개인용 컴퓨터, 인터넷, 스마트폰 등이 새롭게 등장했다.

현재: 로봇, 인공지능, 생명공학, 사물 인터넷, 자율 주행 자동차 등과 같은 기술의 엄청난 발전으로 새로운 산업 혁명이 일어나고 있다.

산업 혁명이 있을 때마다 일자리는 영향을 받았다. 그렇다고 너무 걱정할 필요는 없다. 산업 혁명으로 생긴 변화 때문에 새로운 직업이 생겨나기는 했지만, 새로운 일자리들이 즉시 생겨나지는 않으니까. 일자리에서 밀려난 사람들은 새로운 일에 필요한 기술이 없을 수 있지만, 변화가 서서히 일어난다면 예전에 그랬던 것처럼 적응할 수 있을 것이다.

1차 산업 혁명 이후, 정의된 절차대로만 일하면 되는 많은 직업이 전산화됐다. 컴퓨터는 대개 직업 전체가 아니라 특정 기술이나 업무를 대체한다. 예전에 슈퍼마켓 계산원은 모든 제품의 가격이나 할인권을 일일이 손으로 입력해야 했지만, 이제 기계로 바코드를 스캔하면 된다. 그래서 계산원의 일과 실수가 줄고, 고객의 기다리는 시간이 훨씬 짧아졌다.

오늘날에 이르러서는 많은 슈퍼마켓이 고객이 구매할 물건을 직접 스캔해서 계산하는 셀프 계산대를 설치하고 있지만, 셀프 계산대가 인간 계산원을 완전히 대체하려면 아직 멀었다. 아직까지는 셀프 계산대에서 여러 문제가 발생하고, 그런 문제를 해결할 직원이 자주 필요하기 때문이다.

어떤 전문가들은 인공지능이 고용 시장을 새로운 방식으로 어지럽힐 수 있다고 생각한다. 지금까지는 반복적이고, 별다른 기술이 필요 없는 일들이 가장 많은 영향을 받았다. 이에 반해 자동차 판매나 요리 등과 같이 신체를 쓰지만 융통성이 필요한 일에는 별다른 충격이 없었다. 그런데 만약 인간이 하던 일을 인공지능이 대신한다면 어떤 일이 없어질까? 실제 그런 일이 일어나면, 사람의 수입에만 위협이 될까? 아니면 다른 무언가를 위험에 빠뜨릴까?

“ 이제 반복적이지 않고 정형화되지 않은 일들도 인공지능에 의해 자동화되기 시작했다. ”

이제 인공지능은 적확한 상황을 파악하고, 법률 데이터베이스를 인간보다 훨씬 빨리, 효율적으로 검색할 수 있다. 이전까지는 인공지능에게 건별로 미세하게 다른 상황을 이해시킬 수 없어 불가능했던 일이다. 하지만 이 같은 검색이 가능해짐으로써 언제 어디서나 인공지능을 통한 데이터 접근도 함께 가능해졌고, 법률가들은 이전보다 생산적인 업무 처리가 가능해졌다.

그렇다면 이제 법률 사무 보조원은 필요 없어진 것일까? 이들에 대한 전문가들의 견해는 일치하지 않는다. 어떤 과학자들은 인공지능 덕분에 법률 사물 보조원들이 더 효율적으로 일할 수

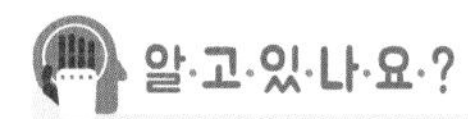

2012년, 구글은 16,000개의 컴퓨터 프로세서를 사용해 최대 규모의 신경망을 만들어 유튜브를 보도록 했다. 그 인공지능은 유튜브 동영상 속에서 고양이를 찾으려 했고, 스스로 고양이 인식하는 법을 배웠다. 그 당시 기준으로 결코 쉬운 일이 아니었다. 그러나 인터넷에 수백만 개의 고양이 동영상이 있었고, 엄청난 수의 고양이 동영상은 인공지능의 고양이 학습에 큰 도움이 되었다.

어떤 일을 컴퓨터가 대신할 수 있을까?

2013년, 옥스포드 대학교는 《직업의 미래: 일자리는 얼마나 컴퓨터의 영향을 받을까?》라는 제목의 보고서를 발표했다. 보고서 작성자들은 어떤 직업이 인공지능에 의해 자동화될 가능성이 높고 낮은지 알아보기 위해 700개가 넘는 직업을 분석했다. 이 보고서가 맞는다면 미국 노동 인구의 47%가 컴퓨터의 위협을 받을 수 있다!

아래 두 목록의 직업들을 보고 무엇이 느껴지나? 두 목록 사이에 큰 차이나 비슷한 점이 있나? 앞으로 전공이나 직업을 선택할 때, 이 목록들을 보고 느낀 것을 참고하게 될까?

인공지능으로 자동화될 가능성이 매우 낮은 직업들

- 오락 요법 치료사
- 정신질환과 약물남용을 돕는 사회복지사
- 청능사(청각 장애인들의 재활을 돕는 사람)
- 직업 치료사(직업을 통해 바람직한 사회생활을 하도록 돕는 사람)
- 교정 전문의 및 치기공사(금니, 틀니 등 보철물을 만드는 사람)
- 건강 관리 사회복지사
- 구강외과 의사와 위턱 안면 외과 의사
- 영양사와 영양 학자
- 안무가
- 내과 의사와 외과 의사

인공지능으로 자동화될 가능성이 매우 높은 직업들

- 은행의 대출 담당 직원
- 보험금 청구 및 보험 정책 처리 직원
- 도서관 사서 보조원
- 사진 인화하는 사람
- 세무사
- 화물운송주선업
- 시계 수리공
- 보험 손해 사정사
- 손바느질하는 사람
- 텔레마케터

있으리라 생각한다. 판례 검색이 법률 사무 보조원들의 유일한 업무는 아니니까. 인공지능은 법률 사무 보조원이 다른 일을 할 수 있는 시간을 만들어 줄 것이다. 물론 이는 결국 법률 사무 보조원이 덜 필요하다는 뜻이기도 하다.

인공지능이 언젠가 법률 사무 보조원을 모두 대체할 것이라고 주장하는 과학자들도 있다. 법률 사무 보조원 같은 일을 하는 사람들은 임금도 낮고 의료 혜택이나 유급 휴가와 같은 혜택도 적은 단순 서비스직으로 밀려날 수도 있다. 이것은 법률 사무 보조원뿐만 아니라 자동화되기 쉬운 다른 일을 하는 사람들에게도 똑같이 일어날 수 있는 일이다. 하지만 의사나 엔지니어같이 높은 수준의 창의성이나 사고력이 필요한 일을 하는 사람은 앞으로도 인공지능으로 대체되지 않을 가능성이 높다. 인공지능이 의사의 진단을 도울 수는 있겠지만,

의사를 대신할 수는 없을 테니까. 결국 사람이 할 만한 일은 저임금 단순 노동직과 고임금 전문직 등만이 남고, 중간 수준의 직업들은 모두 인공지능의 차지가 될 것이다.

인공지능은 과연 선물일까, 재앙일까? 우리는 인공지능 덕에 행복해질까, 아니면 인공지능의 지배를 받아 불행해질까? 아직은 알 수 없다. 인공지능과 함께할 미래는 어쩌면 지금의 우리가 정하는 것일지도 모른다. 그렇다 하더라도 우리의 미래에 어떤 인공지능이 새롭게 등장할지 기대되는 동시에 두려운 것은 어쩔 수 없는 일 아닐까?

생각을 키우자!

SF에서처럼 언젠가 인공지능이 세상을 지배하는 날이 올까?

탐·구·활·동

인공지능 관련 토론하기!

이 장에서 배웠듯이, 많은 기술 기업가와 과학자가 인공지능이 인간의 종말을 가져오지는 않을까 논쟁해 왔다. 스페이스X의 일론 머스크, 페이스북의 마크 저커버그, 딥마인드의 데미스 하사비스, 구글의 래리 페이지와 세르게이 브린, 물리학자 스티븐 호킹, 마이크로소프트의 창업자 빌 게이츠까지. 이제 그 논쟁의 양측 입장을 자세히 알아보고, 같은 주제로 토론해 보자. 한 친구와 하거나 아니면 두 팀으로 나누어서 해 보자.

1> **토론에서 어떤 관점을 취할지 결정하자.** 인공지능에 대해 우호적인 쪽 아니면 의심하는 쪽 중에 하나를 선택하자.

2> **전문가들의 논쟁을 조사하자.** 각 전문가는 무엇을 찬성하고 무엇을 반대하는지 알아보자. 전문가들은 어떤 일이 일어날 것이라고 생각하는가? 제시하는 증거는 무엇이며 자신의 주장을 어떻게 뒷받침하는가?

3> **토론에서 발표할 주장과 주장을 뒷받침할 설득력 있는 논점과 증거들을 쓰자.** 예를 들어, 다음과 같이 쓸 수 있다. '나는 인공지능이 ______다고 생각한다. 왜냐하면 ______, ______, ______하기 때문이다.' 내 생각을 뒷받침할 만한 이유를 메모카드 1장에 1개씩 좀 더 자세히 쓰자.

4> **반대 주장에 대항할 가장 설득력 있는 이유는 무엇일까?** 어떻게 상대방 의견에 반박할 수 있을까?

5> **이제 토론할 준비가 됐다!** 양측이 번갈아 주장을 제시해야 한다. 그러고 나면 양측은 상대편 주장을 반박할 수 있다. 항상 예의를 지키고 상대를 존중하라! 어떤 주장이 최고였나?

이것도 해 보자!

만일 혼자 이 탐구 활동을 해야 한다면, 한쪽 입장을 대표하는 글이나 연설문을 써 보자.

탐·구·활·동

우리가 꿈꾸는 일을 인공지능이 대신할 수 있을까?

우리는 인공지능이 어떻게 직업에 영향을 줄 수 있는지 살펴봤다. 이제 어떤 종류의 직업이 인공지능으로 쉽게 자동화되고 그 이유는 무엇인지 조사해 보자.

1> **관련된 정보를 조사해 보자.** 120쪽에 있는 옥스포드 대학교의 직업 목록을 보자. 어떤 직업이 미래에 인공지능 때문에 달라질까? 어떤 직업들이 영향을 가장 덜 받을까? 그렇게 생각하는 이유도 정리해 보자.

2> **두 목록에서 직업을 하나씩 선택하라.** 선택한 직업들을 조사해 보자. 예를 들어, 안무가는 무슨 일을 할까? 이 직업은 왜 인공지능으로 쉽게 자동화되지 않을까? 세무사는 어떤 일을 할까? 인공지능이 벌써 세무사의 업무 중 일부를 대신하고 있지는 않을까?

3> **선택한 두 직업의 업무를 자동화될 수 있는 것과 없는 것으로 분류해 목록으로 만들어 보자.** 미래에 이들 중 어떤 직업이 살아남고 또 사라질까?

4> **미래에 내가 원하는 직업을 선택하라.** 선택한 직업을 조사하고, 인공지능으로 자동화될 가능성이 있다고 생각하는지, 그렇게 생각하는 이유는 무엇인지 정리해 보자.

알·고·있·나·요·?

로그인할 때 사람이라는 사실을 증명하려 여러 사진 중 도로 표지판이 있는 사진을 모두 선택해 본 적 있는가? 그렇다면 구글 인공지능의 이미지 인식 학습을 도왔을 수도 있다. 캡차라는 자동 로그인 방지법이 있는데, 구글이 사진을 활용한 캡차를 인공지능 훈련 방법으로 활용해 왔기 때문이다.

이것도 해 보자!

꿈꾸는 직업의 업무 중 인공지능이 지금 이미 대신했거나 미래에 대신할 것 같은 업무들을 목록으로 만들어 보자. 어떤 업무를 인공지능이 대신할 수 없을까?

biopsy exoskeleton arms race
sensor science fiction dystopia
Turing test chatbot
programming carbon emissions dendrite
dementia semi-autonomous roboticist autism spectrum virtual
diplomatic programming evacuate
Cold War habitat sentient axon nonprofit sentient
robotics pitch programmer radiation processing power programmer arms race Civil Rights Movement
radar social etiquette intelligence programming autonomous pitch
etiquette algorithm patent academics matrix
strong AI autism spectrum
digital bionic programmer dementia
meltdown Internet of Things carbon emissions optimistic logical algorithm Industrial Revolution singularity
machine learning infrastructure prototype exoskeleton solar system
radar Internet of Things gear humanoid
doomsday forfeit neuron radiation dystopia pattern matching biopsy asteroid Internet of Things dictation
amateur cue meltdown
matrix strong AI pitch profiling satellite forfeit diplomatic
uncanny valley science fiction barcode lidar grandmaster simulate Cold War
AI assistant superintelligence grandmaster sensor iconic
psychological cue dendrite radar data
GPS forfeit Industrial Revolution uncanny valley streamline semi-autonomous solar system simulate digital theme DARPA automaton
patent gravity radar supercomputer nonprofit patent bionic
fusion algorithm predictive morphogenesis habitat nonprofit three-dimensional women's movement
cyber threat rebuttal amateur bionic exoskeleton strong AI patent chatbot
artificial intelligence robotics theme recognition speech evolution extinction evacuate Go dementia sensor dwarf planet Trojan War
semi-autonomous meltdown meme dendrite autonomous glitch neural network fusion radiation programmer GPS
artificial intelligence
iconic
arms race big data cue
infrastructure strong AI pitch dystopia mythology android
simulate bionic deep learning matrix
Cold War
data
dendrite data evacuate
restraint asteroid morphogenesis
skeptical tone
cyber threat
GPS
DARPA logical automaton iconic neuron autism spectrum weak AI satellite meme diagnose arms race algorithm superintelligence
mythology labor union expert systems dictation deep learning NASA Trojan War dwarf planet biopsy social intelligence vital signs profiling
labor union data satellite
academics
etiquette prototype big data skeptical sacrifice
lidar profiling DARPA
biopsy advantage
virtual singularity barcode etiquette streamline dictation satellite psychological
theme mythology profiling GPS gravity logical restraint logical skeptical gear
asteroid Trojan War AI assistant infrastructure doomsday sentient
digital gear weak AI
biotechnology
Cold War NASA dystopia deep learning axon neuron atomic bomb DARPA prototype dementia big data radiation fuzzy logic
labor union cyber threat predictive Turing test machine learning digital lidar
Go fuzzy logic diplomatic biotechnology
autonomous roboticist skeptical bionic roboticist carbon emissions programming solar system
optimistic sacrifice diagnose virtual women's movement amateur
expert systems reinforcement learning robotics extinction supercomputer gravity rebuttal android
artificial intelligence natural language processing fusion fuzzy logic uncanny valley doomsday
diplomatic Go habitat forfeit dwarf planet
iconic weak AI theme sentient axon roboticist speech recognition singularity
sacrifice singularity neural network human intelligence
reinforcement learning biotechnology robotics fuzzy logic cue advantage interstellar academics diagnose simulate
Go gear machine learning tone habitat
sensor DARPA reinforcement learning automaton pattern matching evolution artificial intelligence extinction
theme meltdown barcode chatbot NASA advantage
fusion AI assistant android Turing test pattern matching virtual
lidar evolution rebuttal interstellar Civil Rights Movement tone evolution humanoid meme restraint
morphogenesis morphogenesis atomic bomb autism spectrum rebuttal
glitch dictation dwarf planet android doomsday axon vital signs
speech recognition tone programmer automaton glitch grandmaster matrix psychological
vital signs diagnose atomic bomb predictive neuron streamline weak AI matrix glitch
evacuate uncanny valley simulate processing power chatbot logical
Trojan War prototype pattern matching chatbot humanoid neural network social intelligence processing power science fiction

자료 출처

책

린다 리우카스, 《헬로 루비: 컴퓨터 안으로 떠나는 여행》(페이웰&프렌즈, 2017)
Linda Liukas, *Hello Ruby: Journey Inside the Computer*(Feiwel&Friends, 2017)

린다 리우카스, 《헬로 루비: 코딩으로 떠나는 모험》(페이웰&프렌즈, 2015)
Linda Liukas, *Hello Ruby: Adventures in Coding*(Feiwel&Friends, 2015)

숀 맥마누스, 《코드를 작성하는 10가지 간단한 수업: 나만의 컴퓨터 게임을 디자인하고 코딩하는 법 배우기》(월터 포스터 주니어, 2015)
Sean McManus, *How to Code in 10 Easy Lessons: Learn How to Design and Code Your Very Own Computer Game*(Walter Foster Jr., 2015)

레시마 소자니, 《코드를 작성하는 소녀: 코딩을 배워서 세상을 바꾸자!》(바이킹 북스 포 영 리더즈, 2017)
Reshma Saujani, *Girls Who Code: Learn to Code and Change the World*(Viking Books for Young Readers, 2017)

캐시 세세시, 《로보틱스: 20개의 프로젝트로 발견하는 미래 과학 및 기술》(노마드 출판사, 2012)
Kathy Ceceri, *Robotics: Discover the Science and Technology of the Future with 20 Projects*(Nomad Press, 2012)

잡지

Beanz: 어린이, 코드, 컴퓨터 과학 잡지(*Kids, Code, and Computer Science Magazine*) : kidscodecs.com
잡지 만들기(*Make Magazine*) : makezine.com
가리 카스파로프, 〈새로운 지능을 경험한 날〉, 《타임》(1996. 3. 25.) : content.time.com/time/subscriber/article/0,33009,984305-1,00.html

웹사이트

Crash Course의 컴퓨터 과학 유튜브 youtube.com/playlist?list=PL8dPuuaLjXtNlUrzyH5r6jN9ulIgZBpdo
칸 아카데미 컴퓨팅 과정 khanacademy.org/computing
PBS NOVA: 로봇의 부상 pbs.org/wgbh/nova/tech/rise-of-the-robots.html
코드의 시간 Code.org
컴퓨터 역사박물관의 인공지능과 로봇 computerhistory.org/timeline/ai-robotics
알파고 deepmind.com/research/alphago
BBC, 〈미래를 위한 인공지능 최종 안내서〉 www.bbc.com/future/story/the-ultimate-guide-to-ai
황실 전쟁 박물관: 앨런 튜링은 어떻게 에니그마 암호를 해석했을까
iwm.org.uk/history/how-alan-turing-cracked-the-enigma-code
Brain Pop: 로봇들! brainpop.com/technology/computerscience/robots
내셔널 지오그래픽: 도전, 로봇! nationalgeographic.org/game/challenge-robots

QR 코드 웹사이트

QR 코드 웹사이트는 타임북스 네이버 포스트 '앞서 나가는 10대를 위한 인공지능'에 링크된 원 웹사이트의 주소입니다. 타임북스 포스트에 오시면 보다 자세한 내용을 확인하실 수 있습니다.

▶ 12쪽 youtube.com/watch?v=KF6sLCeBj0s

▶ 20쪽 antikythera-mechanism.gr/project/overview

▶ 21쪽 computerhistory.org/babbage

▶ 26쪽 psych.fullerton.edu/mbirnbaum/psych101/Eliza.htm

▶ 31쪽 scratch.mit.edu

▶ 32쪽 computerhistory.org/collections/catalog/X39.81

▶ 36쪽 youtube.com/watch?v=yxxRAHVtafI

▶ 36쪽 soundnet.csail.mit.edu

▶ 38쪽 echosim.io/welcome

▶ 40쪽 youtube.com/watch?v=rOL6QJdAIm8

▶ 41쪽 youtube.com/watch?v=WFR3lOm_xhE

▶ 43쪽 online-go.com/learn-to-play-go

▶ 43쪽 youtube.com/watch?v=im2pm690VW0

▶ 43쪽 commons.wikimedia.org/wiki/File:Go-board-animated.gif

▶ 54쪽 youtube.com/watch?time_continue=5&v=MceJYhVD_xY

▶ 55쪽 youtube.com/watch?v=S5t6K9iwcdw

▶ 63쪽 youtube.com/watch?v=gJEzuYynaiw

▶ 64쪽 experiments.withgoogle.com/ai/ai-duet

▶ 64쪽 experiments.withgoogle.com/ai/ai-duet/view/

▶ 69쪽 consumerreports.org/cro/cars/self-driving-cars/index.htm

▶ 72쪽 wyss.harvard.edu/technology/autonomous-flying-microrobots-robobees

▶ 73쪽 video.nationalgeographic.com/video/140925-explorers-wood

▶ 76쪽 www.youtube.com/user/DARPAtv/featured

▶ 76쪽 youtube.com/watch?v=FRkYOFR7yPA&list=PL6wMum5UsYvZuyGS54EFVMUdhaP4htD3F

▶ 77쪽 youtube.com/watch?time_continue=25&v=yTGSy-79eHc

▶ 78쪽 eyes.nasa.gov/curiosity

▶ 83쪽 youtube.com/watch?v=gn4nRCC9TwQ

▶ 90쪽 nasa.gov/audience/foreducators/robotics/home/index.html

▶ 90쪽 solarsystem.nasa.gov

▶ 90쪽 nasa.gov/mission_pages/station/main/index.html

▶ 91쪽 roboticstomorrow.com/article/2015/12/the-new-family-member-a-robotic-caregiver/7312

▶ 94쪽 shelleygodwinarchive.org/contents/frankenstein

▶ 94쪽 rc.umd.edu/editions/frankenstein

▶ 95쪽 librivox.org/rur-rossums-universal-robots-by-karel-capek

▶ 97쪽 youtube.com/watch?v=AWJJnQybZlk

▶ 98쪽 tcm.com/mediaroom/video/1102413/Day-The-Earth-Stood-Still-The-Original-Trailer-.html

▶ 99쪽 tcm.com/mediaroom/video/474156/2001-A-Space-Odyssey-Movie-Clip-HAL-9000.html

▶ 101쪽 tcm.com/mediaroom/video/188651/Terminator-The-Original-Trailer-.html

▶ 115쪽 theguardian.com/technology/2018/mar/19/uber-self-driving-car-kills-woman-arizona-tempe

찾아보기

탐구 활동 모아보기

이 도서의 국립중앙도서관 출판예정도서목록(CIP)은 서지정보유통지원시스템 홈페이지(http://seoji.nl.go.kr)와
국가자료종합목록시스템(http://www.nl.go.kr/kolisnet)에서 이용하실 수 있습니다.
(CIP제어번호 : CIP2019023104)

앞서 나가는 10대를 위한
인공지능

초판 1쇄 발행 2019년 7월 1일

지 은 이 앤지 스미버트
그 림 알렉시스 코넬
옮 긴 이 바른번역
감 수 자 김의석
발 행 처 타임북스
발 행 인 이길호
편 집 인 김경문
책임편집 신은정
편 집 최아라
마 케 팅 이태훈
디 자 인 윤주은 · 박기은(앤미디어)
제 작 신인석 · 김진식 · 김진현 · 이난영
재 무 강상원
물 류 이수인

타임북스는 (주)타임교육의 단행본 출판 브랜드입니다.
출판등록 2009년 3월 4일 제322-2009-000050호
주 소 서울시 성동구 광나루로 310 푸조비즈타워 5층
전 화 1588-6066
팩 스 02-395-0251
이 메 일 timebookskr@naver.com

ISBN 978-89-286-4555-8 (44500)
ISBN 978-89-286-4536-7 (세트)
CIP 2019023104